媽媽的每一天

高木直子◎圖文
洪俞君◎譯

前言

女兒在我42歲那年出生，
哇～
很快地她已經1歲9個月了。
兒童館
咯—
1～2歲班
碎步
快走
熱鬧
熱鬧
哇～好棒喔～
咻—
咯
咯
最近越來越活潑，也開始學講話。
ㄗㄞㄗㄨ、
再一次
好啊～
我的年紀也隨著增長，
熱鬧
熱鬧
嗯……
真的嗎？
瞄
啊哈哈
44歲
咯
咯
馬麻～
這裡面是不是我年紀最大？

難免覺得自己和大家有些格格不入。
也完全沒有媽友，
不過我原本就很怕生。
熱鬧
熱鬧
熱鬧
噫?!
啊！不可以從那邊爬上去!!
嗚~!!
小米~妳下來走走嘛！
好重喔~
抱緊~
ㄆㄠ ㄆㄠ ㄆㄠ~ ㄆㄠ ㄆㄠ~
漸漸地我每天都不得分神，也沒有餘裕深思事情。
呼~，終於到家了~!!
撲通~
咯
嗚嗚……已經中午了。
咯
咯
午餐吃什麼好呢？

太好了!!冷凍庫裡有小米的咖哩!!
太棒了!!♥
香草
開動了~!!
泡麵→
泰式麻辣麵
切了小番茄和小黃瓜→
小米~來吃飯~
啊鳴~
啊
過來吃~
不要站起來走來走去啦!!
呼~總算吃完午餐了……
啊
筋疲力盡
這時，我已經累得不行了。
嗚嗚……已經一點半了。
喔嗚~
哼!!
哼!!
但還是勉強打起精神去老公的老家!!

老公的老家現在是婆婆一個人住。
請進~
嘎啦
呵呵，小米睡得真熟。
經常在半路上睡著。
呼~好重喔！
那就麻煩您了
滾~
請婆婆幫忙看到傍晚。
我則利用這段時間專心工作。
開始工作吧!!
坐下
啊……想睡覺了……
昏昏欲睡
開始15分鐘
有時會想如果再年輕個10歲，我的體力大概會比較好吧？
不行了，我得休息一下……
不過就算年輕，帶小孩還是需要體力的吧？
我每天幾乎都是體力殆盡!!全國的爸爸媽媽們~，大家辛苦了!!
媽媽的每一天開始嘍~!!
哼哼~

目次

前言……2

很開心見到女兒的成長，卻又每天疲憊不堪。

小米【1歲10個月～2歲】

一起學習……12
睡覺的時候也很忙……16
小幫手愛幫忙……20
好消息……24
挑選合適的幼兒才藝班……28
育兒筆記……34

整天都在一起

小米【2歲2個月～2歲5個月】

下雨天在家玩……36
直子家庭美髮開張……40
很棒的禮物……44
哄女兒入睡好辛苦……48
帶女兒回娘家一星期……52
育兒回憶……64

第3章

小米【2歲6個月～2歲9個月】

小小的家變成表演場

家中度假區……66
不受歡迎的五彩繽紛洗手間……70
堂堂的自尊心……74
小米的獨唱會……78
參加幼稚園面試……82
育兒回憶……88

目次

【2歲10個月～3歲】小米
搬家&開始四個人的生活

小米的七五三節……90
專心工作的時間和陪伴家人的時間……94
驚濤駭浪的搬家過程……98
頂樓就是院子……102
第一次的發表會……106
育兒筆記……112

第5章

小米

【3歲2個月~3歲5個月】

進入育兒第三階段！

用自行車代步……114
直子家庭美髮結束營業……118
脫離尿布……122
自行車新手……126
育兒回憶……130
尾聲……132
後記……138

來～這是給妳的壓歲錢!!
哇－
大入
?

第1章

一起學習

前些時候買了平假名的玩具，
a……
ame!!
會發出聲音
女兒一個人東按西按玩著玩著，
「chi」是哪一個字啊？
猜謎模式
按
按
chi……
叮咚叮咚~~♪
好棒喔~
按
噫?!
竟然慢慢看得懂平假名。
哇！又答對了!!
「mi」是哪一個字啊？
叮咚~~叮咚~~♪
按
滿心喜悅的我買回來了平假名海報。
貼在浴室的
あいうえおのひょう
最近連洗澡時也在學平假名。
這是ha、hi、hu、he、ho!!
在外面的時候也……
啊——啊——
拉
拉
噫？
也會去認車牌上的平假名。
ta!!
對！那是「ta」沒錯!!
品川
た 00-00

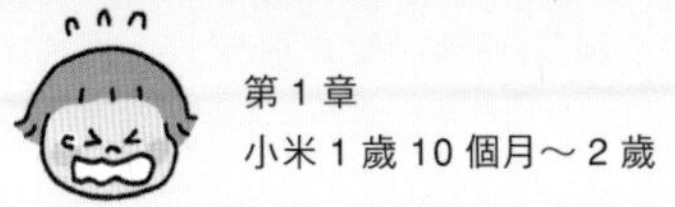

第1章

小米1歲10個月～2歲

這·巜ㄡ
（譯：這個）
啊!!
危險!!
啪噠
啪噠

車子有時候會突然開動，絕對不可以跑到車子前面去!!
知道嗎?!
抓
這真是令人捏一把冷汗。

小米和我在外面走路的機會變多了，
這個是紅綠燈，
現在是紅燈，所以還不能過去。

綠燈了，現在可以過馬路了。
綠燈
綠燈
我得教小米的事情也增加了。

走路的時候要盡量靠路邊。
直直走～

啊！怎麼了？
啊—
啊，妳是要我看花嗎？
拉

哇～開得好漂亮喔～
粉紅色
黃色
紫色
馬麻都沒發現這裡有花。

這是什麼花呢？
要學的東西這麼多，小米會不會吃不消呢？

可是她好像對學習新的東西很感興趣……
今天和爸爸一起♥
papa(爸爸)的「pa」在哪裡啊？
小米好像已經會認ga、gi、gu、ge、go和pa、pi、pu、pe、po了。
真的？
咯咯
哇——，小米妳好棒喔~!!
好棒喔 好棒喔
我剛才看著平假名海報，
發現我一直弄錯「も」（mo）的筆順。
蛤?!
唉……

「も」（mo）的筆順？
噗通
噫？是從縱的那一畫開始寫嗎?!
我也是先寫橫的那兩畫!!
對吧?!我也是!!
?
原來那個花叫櫻草~
呼嚕—
呼嚕—
每天都讓我覺得大人要學的事情其實也很多。

後來還貼了數字的海報，可是不知道為什麼問「8」的時候，小米總是回答顏色。

睡覺的時候也很忙

我們家是兩張床中間再鋪一床嬰兒棉被給女兒睡。
棉被鋪在和床等高的底座上
預防小孩掉下來的紙箱
床鋪很大，
滾~
滾~
所以女兒可以隨意地滾來滾去。
滾~
砰
好痛喔!!
睡相真差！
半夜要幫她蓋好幾次被子。
蓋上
不過或許是因為太熱了，很快就又滾出被子外，
咻~
滾
滾
然後又回到被子上。
滾
滾
撲
這麼一來就沒辦法拿那條被子幫她蓋上，
嗚~被子抽不出來~
那用這條吧~
啊
拉
拉
備用的
拿另一條被子幫她蓋上，結果還是一樣又睡到被子上。
滾
滾
咻
撲
是我的幻覺嗎？

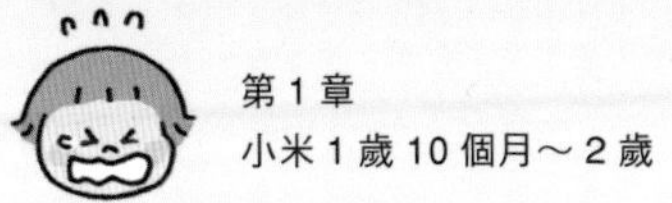

沒蓋被子
身體還是暖呼呼的，
看來是不會冷。

很漂亮的O形腿

暖呼呼～

但又怕她感冒，
所以天冷的時候
就讓她穿上防踢背心，

很像鼴鼠

然而睡相依舊很差。

滾～

滾～

砰

好痛喔!!

嘟囔嘟囔……

有一天晚上
醒來一看，

噫……
不見了。

呼嚕～

呼嚕～

發現小米像壁虎一樣
貼著牆壁，

緊貼～

在那裡!!

不一會兒又差點
從床上掉下去。

哇——!!

紙箱移動了

起身

沒想到……

蹦～

女兒像青蛙一樣
蹦回床上。

……

滾～

滾～

好厲害!!
沒看過人家
這樣的!!

睡覺的時候這麼忙，滾來又滾去的，不累嗎？

又有一天我半夜醒來，

嗯……

哇!!

突然出現

發現女兒跪坐著靜靜地俯瞰著我。

盯～～

小米……怎麼了？

過來吧～

拍拍

開心開心

好乖～好乖～

抱著女兒睡覺就像抱著暖暖壺一樣暖和。

暖呼呼～

我們一家三口還能像這樣排排睡幾年呢？

啊～又跑掉了～

咻～

滾～

滾～

踢

好痛喔!!

有一次我半夜三點醒來，發現女兒正滿臉笑容地盯著我看。

小幫手愛幫忙

小米開始很想幫忙做事情。
啊——!!
妳要幫我按洗衣機的按鍵，是嗎？
謝謝～
想幫忙洗衣服，
等一下喔
啊
幫忙舀優格，
啊～會撒出來!!
啊～!!
滴落
滴落
手會弄髒，不用啦～
有時又想幫忙掀馬桶蓋。
啊～
打開
闖入
要出門的時候也……
等一下下喔～
叮噹
啊——!!
妳想幫我鎖門嗎？
啊～妳這樣是反方向。
啊噠噠～
妳轉一下看看～
嘿咻
嗯～妳再拿正一點。
我看不見……
啊噠噠～
喀嚓
喀嚓
讓女兒幫忙也是一件很累的事。

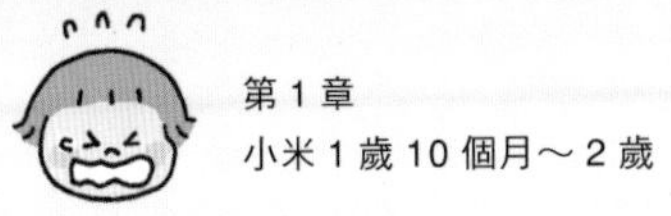

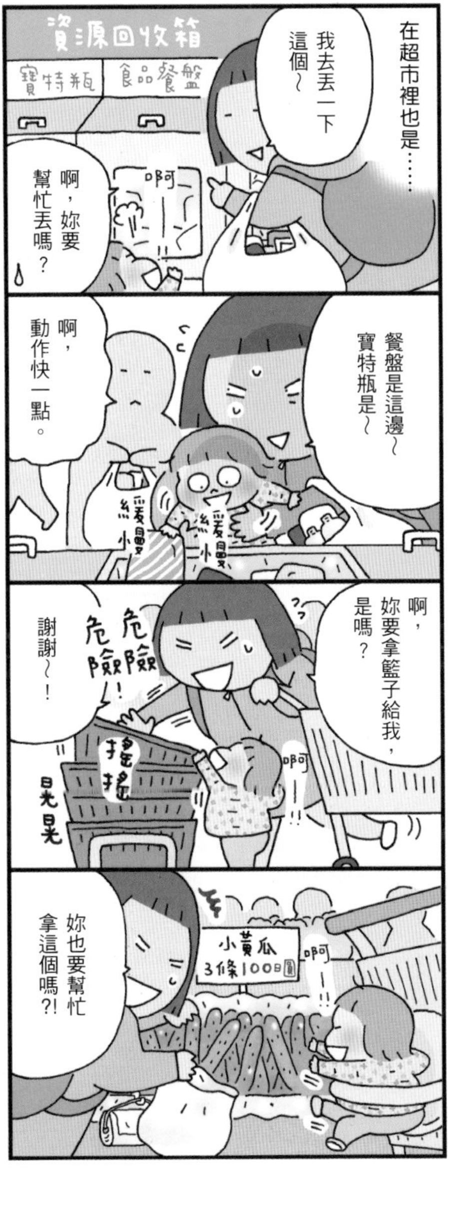

在超市裡也是……
我去丟一下這個～
啊
啊，妳要幫忙丟嗎？

餐盤是這邊～寶特瓶是～
啊，動作快一點。
緩慢
緩慢

啊，妳要拿籃子給我，是嗎？
啊
危險危險！
謝謝～！
搖搖
晃晃

妳也要幫忙拿這個嗎?!
小黃瓜 3條100日圓
啊

啊～那條小黃瓜有點細。
啊
那條也好啦～

這是您的收據。
嗚嗚～!!
啊
妳要幫我拿喔？
對不起
對不起

妳要幫我把推車放回去，是嗎？
啊
等……等一下！
嘎啦
嘎啦

哇～!! 停～停～
抓
老實說經常是越幫越忙。

但本人是出自一番好意要幫忙，

勤奮

努力

我也很難挑剔她。

啊……妳要幫我摺衣服喔？

謝……謝謝～

啊—

丟

已經摺好的衣服

亂七八糟

妳要幫我收洗衣夾嗎？

啊—!!

起身

知道收在哪裡嗎？

碎步

前行

過了一會兒一看，

啊，放得好好的!!

真的放回原位。

哇～小米～謝謝妳!!

好棒喔

好棒喔!!

妳真的幫我放回原位了!!

咯—

馬麻好高興喔～

抱緊

雖然有很多事情是越幫越忙，

馬麻還是希望

啊～!!

嘩啦

妳能多多幫忙!!

在婆婆家也表演「幫忙拿橘子過來」。

好消息

時間過得很快，小米已經2歲了。
會用手指比「2」
前些日子還在喝牛奶呢，
現在已經不算小北鼻了嗎？
已經不算了吧？
噠—
快走
碎步
可是還在包尿布，也還不太會說話，
嘛嗚～
只是小北鼻長出頭髮而已吧？
不對，2歲已經算幼兒了吧？
一般來說
幼……
幼兒?!
說小米算幼兒還太早吧～？
至少應該算是嬰幼兒～
可是她已經沒喝奶了啊
我總覺得女兒還很小，
但是看看剛出生時的照片，
哇～!!
小小一個。
躺在坐墊上～
哈哈哈
臉也變很多～。
板著一張臉～
果然還是長大了。
我又再次體會到女兒的成長。

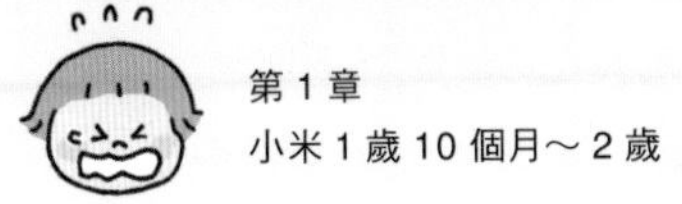

第 1 章

小米 1 歲 10 個月～ 2 歲

隨著女兒的成長，家裡有很多東西都用不到了。

最近好像都沒用嬰兒車。

之前女兒很喜歡的嬰兒搖椅，

搖～
搖～
♪
自己搖

後來女兒不肯乖乖待在裡面，一下子就想跑出來，所以一直收在沙發底下。

摺疊起來

輪流用的三只奶瓶，

乖～乖～馬上好了～!!
用微波爐消毒
MILK
哇哇～

之前努力做嬰兒副食品時用來儲存的容器類，

南瓜泥
七倍粥和

不知不覺間都收起來沒在用了。

嬰兒時期的玩具，

有時會拿來玩一玩。

嘎啦
咯咯
好棒喔～
嘎啦
嘎啦
♪

也有很多已經穿不下的衣服。

你看，這件嬰兒內衣好小喔～

已經很舊了，是可以丟掉了，

可是又捨不得。

我想我大概一輩子都不會丟掉這件衣服，你就幫我放進棺材裡吧～

喔嗚～

妳在胡說什麼？

這件衣服上還留著那時候的牛奶的味道呢!!

咕嚕

咕嚕

不過可不是沉浸在感傷的時刻，

緊繃

去年春天的衣服也已經太小了!!

得買新的了。

這件也太小了

明天去買吧！

也需要不斷添購新的東西。

因為小孩真的長得很快!!

咯～

我好像也長大了……

圓滾滾～

那可得想想辦法才行。

不知不覺間身高已經超過
休息室的身高計了。

挑選合適的幼兒才藝班

我們家附近是保育園的激烈戰區，加上我是自由工作者在家工作，所以進保育園的優先順序排在很後面。
今年沒排到
保育園招生簡章
下一個春天大概也很難吧？
這時發現有一家幼稚園有2歲孩童的幼兒班!!
2歲也可以上幼稚園喔?!
幼稚園資訊
這個幼稚園是先修班嗎？
連忙去那家幼稚園參觀。
哇～院子好大喔!!
園舍也很明亮整潔～!!
咯
很不錯嘛!!我喜歡這裡!!
小米如果能念這裡就太好了!!
沒想到發入園申請書那天到那裡一看——
大雨
大排長龍～
哇～好多人喔!!

我記得
2歲班的名額
是20個人。
乍看之下就有
大約70人……
不過，
只要我用滿腔的
熱情填申請書，
一定可以!!
※選評方式只
看申請書
哼
哼
落榜了。
失望～～
嗚～對不起，
看樣子是馬麻
填申請書的時候
努力不夠!!
不是小米
妳的錯～
?
於是把目標放在
一年以後進幼稚園小班。
之後我們還是只顧著
上兒童館、圖書館……
今天要去
圖書館聽人家
講故事喔～
去公園～
說故事教室→
妳不要去
圖書館嗎?!
但最近女兒
似乎有點膩了。
要不要讓她
上個才藝班
什麼的？

上網一查，發現2歲的幼兒也有很多課程可以上。
哦！
才藝班
游泳、親子體操、芭蕾……，
也有英語、智育開發、繪畫……
哦～～
說不定小米有從小開始培養
長大以後大放異彩的某種潛能呢。
搞不好很會念書呢?!
不過我根本不清楚哪一種課程適合小米。
嗯～～……
找老公商量。
要讓小米上才藝班？
嗯～上什麼好呢？
這個嘛～怎麼做好呢？
疼愛～
啊，球要給我喔？
嘿～
也沒什麼參考價值。

如果小米自己說想要學的話，我一定支持。
我想學芭蕾舞!!
之類的

可是她根本還不懂這些。
像選幼稚園也是一樣，父母的責任重大。
嗯～……
啊!!

小米喜歡的歌!!
啪啪啦♪
啪—♫
咯—!!
啪啪—♫

哈哈哈，跳得好開心!!
咯
啪噗—♫
啪啦啦啦

嗯……看來小米目前喜歡的是音樂。
於是，

決定先去音樂教室參觀看看!!
大家好!!
鏘—
兩位老師
鏘
鏘鏘喀

請大家跟著音樂把布掀開或者蓋上～
媽媽們
五個同年齡的小孩
喔，好像還會嘛。
花朵～～
開了～
接下來要唱的是便當之歌喔～
知道這首歌的小朋友可以跟著跳舞喔!!
鏘
鏘
鏘
啊！
衝
鏘
哇～妳知道這首歌喔？
在小小的
便當盒裡
好棒喔!!
裝一個小飯糰
裝一個小飯糰
女兒露出從未見過的得意表情。
妳好棒喔～

於是我們決定去那個教室上課。

我們也領了教材嘍～

音樂練習本

音樂

小米妳要去音樂教室上課喔？

嗯～

妳很高興嗎？

嗯～

女兒看來又開心又害羞。

太好了～！

咯－

之前我每天都在煩惱該怎麼過才好，

想到以後每星期三可以去音樂教室上課，我也不由得開心起來!!

感動

雖然現在完全不知道女兒以後會對什麼感興趣，

會走上哪一條路，

未知的示意圖

但希望她能發現許多開心的事。

育兒筆記

吹泡泡
呼~
咯~
沒氣了
呼~
咯~
想到女兒如果把手鬆開，那可怎麼辦？
就嚇得不敢搖鞦韆。
會走路以後，有時還是會用爬的。
很快
咻咻咻
經過自動販賣機時都會去看看退幣口有沒有零錢。
打開
老公幫女兒穿尿布時，有時會前後顛倒。
噫?!
前
我做跑跳步給妳看喔~!
妳還是小北鼻，所以不會嗎？
女兒在公園被一個4、5歲的小女生當成小北鼻。
在電車裡會想去爬吊環。
咯
我想坐下來，太危險了。
啊嗚~
啊嗚~
譯
這裡撞到那裡很痛~!

第2章

下雨天在家玩

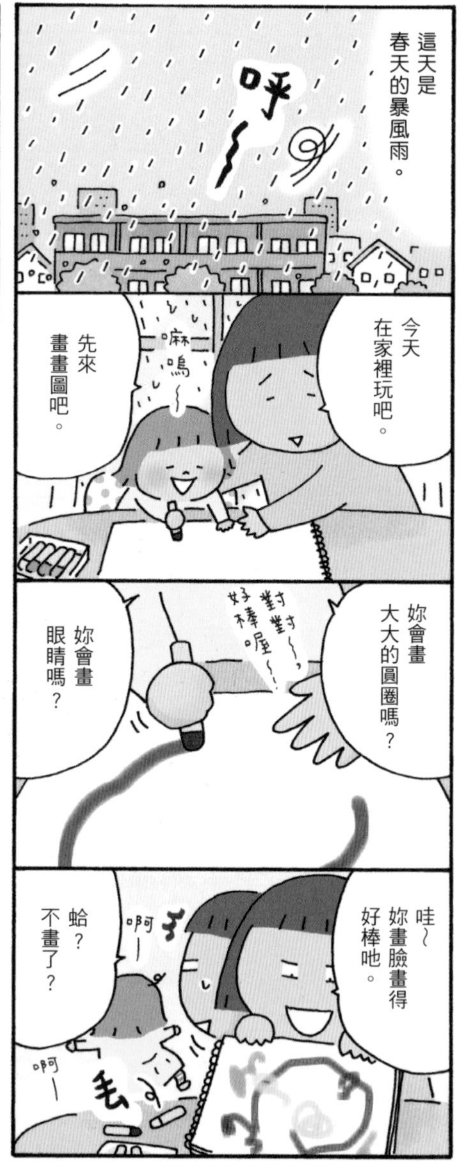
這天是春天的暴風雨。
呼~
今天在家裡玩吧。
嘛嗎~
先來畫畫圖吧。
妳會畫大大的圓圈嗎？
對對~，
好棒喔~!!
妳會畫眼睛嗎？
哇~妳畫臉畫得好棒吔。
蛤？不畫了？
啊~
毛
啊~

那我們來玩買東西的遊戲吧！
幺~
CARD
歡迎光臨~
現在換騎馬遊戲!!
咯~
咯~
踢踢躂躂!!
嘶嘶~
接下來要玩推骨牌!!
咯 咯
一個一個排好喔。
蛤~才十點半……
啪噠 啪噠 啪噠
咯~~!!
這種時候時間過得特別慢。

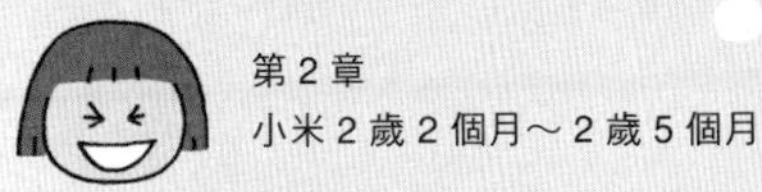

第2章
小米2歲2個月～2歲5個月

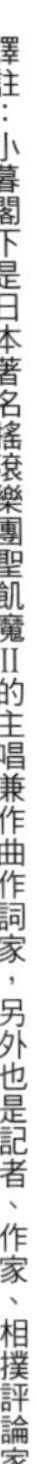
譯註：小暮閣下是日本著名搖滾樂團聖飢魔II的主唱兼作曲作詞家，另外也是記者、作家、相撲評論家。

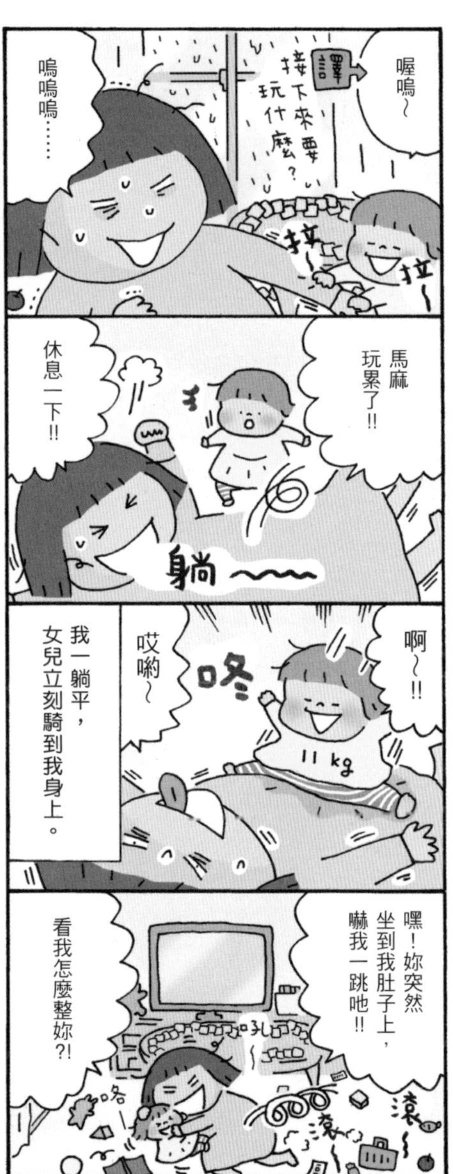

雖然有時會有點尿騷味……

中午吃蛋包飯。

妳要幫我淋番茄醬嗎？

謝謝～

ㄉㄨㄟ～

差不多該睡午覺了!!

咯—

但是……

大概是沒去外面玩，這時間依然精神飽滿。

好，等一下喔！

拉 拉

馬麻～

接著還唱唱歌。

超人～

麵包～

嘿嘿。

啪 啪 啪

玩具卡拉OK

讀很多繪本。

哪一個是南瓜？

這˙ㄍㄡ～

三點多終於開始午睡。

好累喔……

呼……

呼—

呼—

呼—

一整天都在家裡玩

我也來睡一下。

趴下

呼嚕～

呼—

呼—

是很累的一件事……

我回來了！

辛苦了～

雨終於停了。

希望明天會放晴!!

下雨天外出時還是用背帶把女兒揹在前面，

可是女兒已經快完全擋住我的視線了。

直子家庭美髮開張！

女兒的頭髮長長了。
亂翹
亂翹
123
數字
該剪頭髮了……
也可以帶去美容院給人家剪，可是一定不會乖乖坐著……
哇哇
預想
因此我決定自己剪!!
直子家庭美髮開張!!
MAMA CUT
以前只有自己剪過瀏海，
睡覺的時候悄悄地
貼上紙膠帶
輕手輕腳～
這是第一次剪整個頭。
啊～剪人家的頭髮其實滿恐怖的。
悄悄地
喀嚓……
喀嚓……
!!
被發現了!!
嘛嗚～
嚇
妳看～英雄出來了!!
轉頭
妳看妳看～
哇

第2章
小米2歲2個月～2歲5個月

↑我們家有養雞

來看看女兒的頭髮
被我剪成什麼樣子。
參差
不齊
剪到一半，小米坐不住，開始亂動，我沒辦法剪……。
明天再繼續剪……
麵包人
接著第二天，
悄悄地~
喀嚓……
這邊還有點長。
第三天又繼續修修剪剪，
嗯~
瀏海好像斜向右邊？
左看
右看
前看
嗯~

花了三天，總算把女兒的頭髮剪好了~!!
清爽
嘛~
好厲害!! 剪得挺好的嘛!!
很可愛♥
哈哈哈
第一次剪，這樣算不錯了!!
嗯……我也覺得剪得比預期的好。
雖然花了很多時間
咯
咯
呵呵呵
搞不好剪得比我媽媽好。
我因此有了點信心
你的頭髮有點長了，
我幫你剪吧？
不……不用!!
我想女兒的頭髮就暫時自己剪吧!!

後來一看，耳朵也被剪了一小道傷口。

很棒的禮物

譯註：女兒節娃娃的日文是ひなにんぎょう（hinaningyou），紅鶴的日文是フラミンゴ（furamingo）。

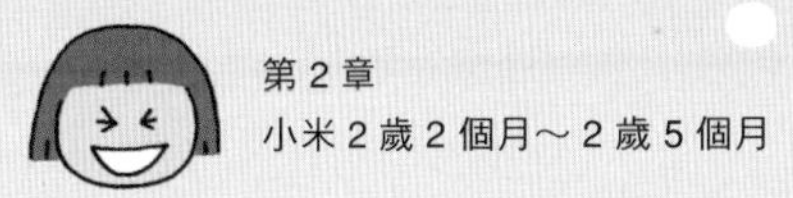

第2章
小米2歲2個月～2歲5個月

不過女兒倒是很會唱歌。

青～哈～張～開～大～嘴～哈～

Donguikoro korodonguiko（橡果 滾呀滾撲通）

會唱好幾首歌吔，好棒喔～

按

玩具鋼琴

嗡嗡嗡～～蜜蜂要灰～

對了，老公的生日快到了……

小米，妳會唱這首歌嗎？

按

恰恰鏘恰～～

兩人偷偷地練習一下。

老公生日當天

生日快樂～

48歲

生日快樂

小米有禮物要送給你。

真的？

開始嘍！1 2 3唱！

恰恰鏘～恰～

按

appekekunkun

appekekunkun

appekea……

papa!!

哇～

小米為爸爸唱的生日快樂歌不知為何變成了appeke!!

你要吃大一點的吧？

這個給你～

這個給馬麻～

噫?!

小米現在說……這個給馬麻……

說得好清楚。

像這樣看到女兒的成長，

蛋糕好好吃喔～!

是我最開心的事。

是不是想說「不行」(dame)呢？

哄女兒入睡好辛苦

我們家晚上大多是由老公哄小孩入睡。
馬麻～晚安～
晚安～
我則是利用這段時間工作。
竊笑
嗤嗤
正在偷懶。
漫畫
馬麻～
馬麻!!
但是女兒最近突然指名要我陪她。
我要馬麻!!
抱緊～
抱緊～
馬麻要工作，跟把拔一起睡吧～！
不要把拔!!
把拔～掰掰!!
傷心～
哭哭～
馬麻～
那今天跟馬麻睡好了。
睡前固定會唸繪本，
馬麻～
這～ㄍㄡ～
兒童圖鑑 400
最近愛上看圖鑑。
哇～有很多動物吔～
這是什麼？
大象～

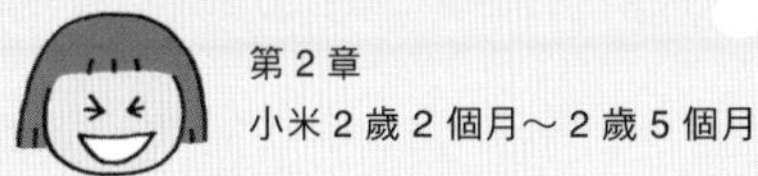

第2章
小米2歲2個月～2歲5個月

你哄小米睡覺以後還起得來，好厲害。

我老公不會跟小孩一起睡著。

因為他哄小孩睡覺以後，

呼～終於睡著了。

喀嚓

累死我了～

呵呵呵。

有一個最大樂趣是吃冰淇淋。

固定儀式

香草

我一睡著就起不來了！

晚上沒辦法工作～～！

拜託你哄小米睡覺啦！

然而那天晚上也是……
不要把拔!!
我要馬麻!!
傷心~~~
啊……那麼，
那……大家一起睡吧!!
馬麻~
馬麻~
於是三個人一起進房裡。
咯
咯
哎呀……
今天要看哪一本書？
這·ㄍㄡ!!
兒童圖鑑400

可以跟把拔一起看繪本，為什麼睡覺的時候非我不可呢？
這是什麼？
企鵝~
那~這個呢？
看著父女倆……
小瓢蟲
那~這個呢？
不知不覺間我又睡著了……
呼~
那~這個呢？
螞蟻~
那~這個呢？
咯
咯
昨天妳是第一個睡著的。
馬麻睡ㄓㄠㄓㄠ~
……
希望女兒能儘早放棄指名要我哄她睡覺。

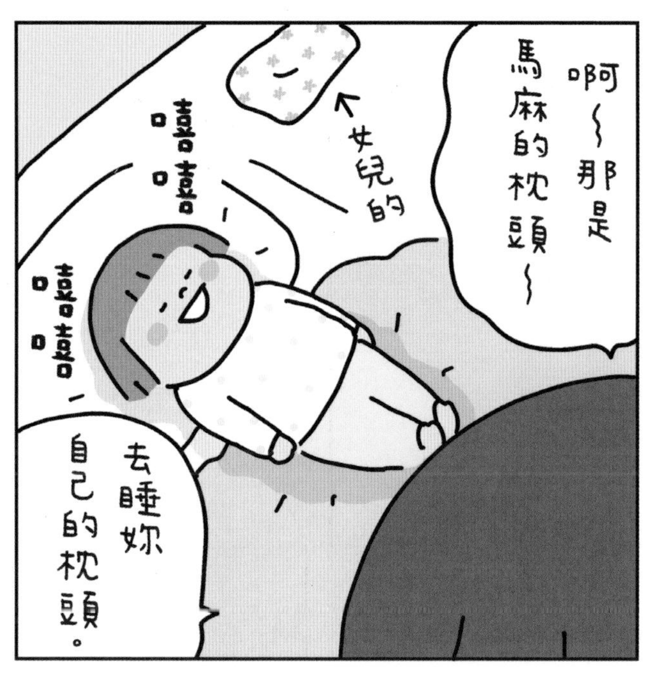

女兒很喜歡搶別人的枕頭睡!!

帶女兒回娘家一星期

女兒2歲以後變得比較能溝通。
可以幫我把這裡面收進這裡面嗎？
ㄠˇ～。
可以來挑戰看看了!!
那就是帶女兒回娘家!!
以前是爸媽來東京看我們，
乖乖～
或是老公放暑假時開車帶我們到三重縣。
去年夏天
噗
因為我不敢一個人帶小孩搭新幹線。
啊～
恐怖的畫面
哇哇
啊
亂踢
亂揮
先想好如何解決搭新幹線會碰到的問題，
建議選第一排座位，這樣就不會踢到前面的座椅。
嗯嗯……
東海道新幹線第11號車廂有很寬敞可以換尿布的洗手間。
育兒幫手網站

也準備了各式各樣
可以殺時間的東西，
2歲練習本
換衣遊戲
臉兒
蛋糕店
繪本
貼紙冊
著色本
點心
百吉棒
蘋果汁
玉米脆餅
軟仙貝
一些小玩具
行李太多了，
所以先把換洗的衣服等等寄過去。
很大一箱!!
裡面也有尿布!!
接下來是跟女兒好好說明。
馬麻想帶小米
回三重
阿公阿嬤家，
也要搭新幹線
……
可是馬麻
一個人的話很辛苦，
所以妳要乖乖的喔～
ㄠˇ～
最好女兒
能在新幹線上
一路一直睡～
內心的呼喊
另外也擔心老公。
小米
今天就要去
三重了喔?!
嗚嗚……
把拔會
想念妳吔～
怎麼辦?
妳不要忘了
把拔喔。
搖搖
晃晃
ㄠˇ～
上班要
遲到了～
便當

接著我和女兒也出發了!!
博愛座
轟隆……
轟隆……
咯
還好有位子坐。
品川
我太緊張了，到得有點早。
那就趁現在讓她多活動一下消耗體力吧！
那邊~
妳看，新幹線來了喔！
轟~~
咯
女兒第一次搭新幹線，開心得不得了。
桌子桌子
砰
砰
不要這樣，會吵到別人！
咯
咯
幸好選了第一排的位子。
飯飯呢？
妳要吃飯了喔？
女兒開始吃起上車前買的豆皮壽司。
下一站是橫濱~~
掉落
掉落

終於一個人帶女兒搭新幹線，
我不由得感動……
感動～……
啊——!!
咚
不過我可沒時間
沉醉在這種心情裡。
啊，妳不吃了喔？
那我們來貼貼紙吧！
啊——!!
滾去
滾來
抽
到換車的車站名古屋
雖然只有一個半小時左右，
哇——好棒喔！
貼
貼
啊？妳不玩了喔？那我們來玩著色遊戲好了～！
但是那一個半小時
對帶著兩歲小孩
的我來說好長……
啊
慌亂
慌亂
蛤？著色遊戲玩膩了喔？
啊～
亂揮
亂踢
哇～
沒想到
不一會兒……
倒頭睡著
嗚～要睡就早點睡嘛。
下一站是～
轟轟～
好擠喔……
已經快到名古屋了～

名古屋
換車換車～
啊ㄇㄇ～
搭那班車好了!!
快車 三重
氣喘
呼呼
沒有位子。
怎麼辦？
要不要等下一班？
很重……
喂！你看！
這……這位子給妳們坐。
起身
啊，不好意思!!
謝謝～
這時有兩個高中男生讓座給我們，
哈哈哈我好緊張喔～
拍
哈哈
年輕人的溫暖舉動令我好感動。
感動～
他們好可愛～
呼～

爸媽到老家當地的車站接我們。
啊！看到了看到了!!
我們母女倆平安回到老家。
哇哈哈
咯—
咯—
累斃了～～
阿公!!
阿嬤!!
雖然好久不見，但女兒很快就和阿公阿嬤熟絡起來。
在院子玩水
妳看
咯—
我爸媽也看來非常高興，
滾過去嘍～
ㄐㄧㄡˇ
ㄐㄧㄡˊ!!
咯—
玩滾皮球
第一天就這樣結束了。
呼—
呼—

第二天
阿公～～～!!
啾
啾
ㄐㄧㄡˋ
ㄐㄧㄡˊ!!
滾皮球的意思
阿公～～
ㄐㄧㄡˋㄐㄧㄡˊ
ㄐㄧㄡˊ!!
被女兒認定為玩伴的阿公一大早就被叫醒，
早上七點開始玩滾皮球的遊戲。
滾過去嘍～
喀
喀
ㄐㄧㄡˋ
ㄐㄧㄡˊ!!
ㄐㄧㄡˋ
ㄐㄧㄡˊ!!
妳爸爸最近早上都叫不起來，
小米在真好！
是喔～
喀
我們在東京早上都是吃麵包，
日式!!
來吃吧！
小米要吃海苔嗎？
還有小魚乾喔。
要ㄘㄨ～
可是小米還是吃老家的日式早餐吃得很開心。
我也是

吃過早餐，
ㄐㄧㄡˇㄐㄧㄡˊ!!
到附近的公園玩一玩。
咯—
ㄐㄧㄡˇㄐㄧㄡˊ!!
換阿公接嘍～
我小時候也常來這公園玩，
哇—
玩捉迷藏吧～
哇—
看到女兒在同一個公園玩的身影，也勾起了我許多童年回憶。
要推嘍～
咯—
我們回家吧！
不要!!
還ㄇㄟ!!
呼～
家裡也有好玩的喔!!
那就是爸爸親手做的彈珠檯。
打彈珠進洞得分

這也是我小時候常常玩的遊戲，
哇！打進了150分的洞!!
直子總共是280分!!
哇－
哇－
接下來換我～
姊弟們比賽誰得分最多，玩得不亦樂乎。
女兒當然也迷上這遊戲，
ㄈㄟ～!!
接連幾天都一直玩打彈珠遊戲，
哇──80分!!
好棒喔～!!
咯－
這也可以練習加法，好吧!!
得意
還去河邊丟石子打水漂，
嘿！5連跳!!
撲通
咯－
去大澡堂泡泡溫泉、吃吃拉麵。
呼～
Suga Kiya
ㄐㄡˇ ㄐㄡˇ～
玩玩滾皮球……
又來了……

一個星期的時間很快就過去了。
小米要回去了?!
要回東京的那天，爸媽送我們到車站。
小米要再來玩喔！
二十年前剛上東京的那時候，每次在車站道別時，
自己要小心喔！
好，爸，謝謝。
我一方面對前途茫茫的東京生活充滿不安，
啜泣……
一方面又覺得讓爸媽操心，很過意不去。
轟隆……
轟隆……
但現在則是擔心
年紀越來越大的爸媽。
掰掰
掰掰
掰掰
掰掰
掰掰
掰掰
阿公～
阿嬤～

在回程的新幹線上，女兒一直開心地吃著點心。
車車～
還有優格喔！
蘋果
吃
吃吃
習慣了些
蔬菜口味
玉米口味
葡萄汁
POTATO
而這時……
品川
不安
坐立
寂寞度過一星期的老公在東京痴痴地等待著。
吵雜
吵雜
來得太早了！
還有一個小時
接下來是……
車車～
下一站是品川～
我們要下車了嘍！
父女重逢的感人畫面!!
小米～～
……
沒想到……

女兒竟然往後退。

打擊～

倒退

女兒的腦子似乎還停留在三重縣的情境中，

小米～

對突如其來的轉變感到不知所措。

小米～我是把拔!!

妳忘了嗎?!

還把視線移開

可是回到家就完全恢復原本的樣子了。

把拔～

太好了～

而我在三重的爸媽則是很想念孫女。

小米都已經回去了，可是我好像還聽到她的笑聲～

睡覺的時候也好像聽到小米在說ㄐㄧˇㄡㄐㄧˊㄡ……

沮喪……

我已經敢帶女兒搭新幹線了，我想過些時候再帶女兒回老家省親。

爸媽你們要保重喔!!

育兒回憶～
這是什麼～～？
耶誕節的早上
婆婆手織的背心
兩歲時的生日蛋糕
在蛋糕店訂的
ZZ
獅子丸？
貼滿海報的浴室
海呀海呀
用力在著色本上塗顏色!!
我爸爸做的彈珠檯
あいうえおのひょう
カタカナのひょう
ABCのひょう

媽媽的每一天

小米【2歲6個月～2歲9個月】

小小的家變成表演場

家中度假區

女兒出生後的第三個夏天來臨了。
豔陽
高照
嘰~
嘰~
去年的這時候，還不會走路，所以外出的時候是用抱的。
陽傘
中間夾保冰劑
咯
咯
今年已經很會走路了，
大熱天跟著女兒在外面走來走去，我可受不了。
咯
咯
咚
咚
因此買了一個小小的塑膠游泳池放在陽台。
也買了竹簾
小米，要不要進去？
喔，進去了!!
興高采烈
內衣
該不會以為這是浴缸吧？
一動也不動
妳看，也有玩具喔~
鏘~~!!
嘛嗚?!

雖然板著臉，
可是看來玩得挺開心的。
臭臉~
來~補充一下水分！
吸~
游泳池雖小，但我還是不敢分神。
光在旁邊看也很熱。
嘰~ 嘰~
於是，
我也一起進來泡。
擠擠~
擠一下喔，不好意思。
臭臉

這麼小的游泳池，還是會涼。
呼~
冰茶用的桶子
如果住在有游泳池的房子，一定很棒……
咯 咯
還是去度假勝地旅行比較好吧？
去哪裡好呢？沖繩嗎？
希望有一天能全家去夏威夷旅行。
呵呵呵

我一個人天馬行空胡思亂想，不知不覺已經過了一個小時。

啊

啊，小米該起來了。

ㄇㄛ ㄇㄛ ㄇㄟ!!

不行，再不起來皮膚都要皺巴巴了！

啊～ 哇!!

嘩啦～

總算把不願離開游泳池的女兒抓進屋裡沖澡。

妳看，正好在播妳最喜歡看的卡通影片喔！

恰啦啦

啦～

啊!!

太好了!!

中午就把之前冷凍的咖哩用微波爐加熱，當午餐!!

我們來吃飯嘍～

再見囉～

ㄍㄨㄌㄧˇ～好ㄘㄨ～

是啊～

吃 吃 吃 吃

大熱天吃咖哩真對味。

泡水以後會很好睡，

呼～

所以下午就在涼爽的房間裡好好地睡午覺。

呼～

呼～

呼～

跟著午睡

家中度假區也挺不錯的!!

被先起床的女兒硬生生地叫醒……

不受歡迎的五彩繽紛洗手間

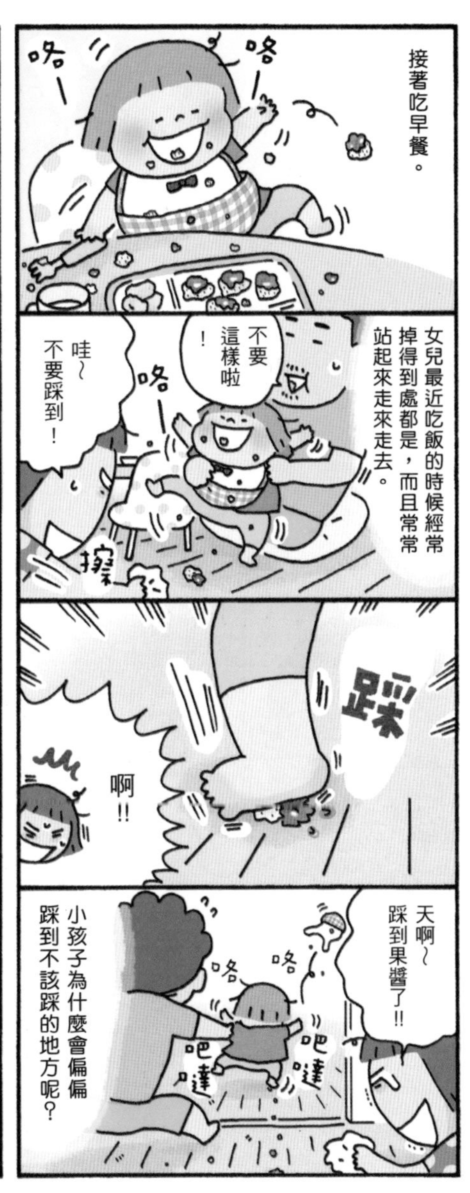

接著吃早餐。
咯—
咯—
女兒最近吃飯的時候經常掉得到處都是，而且常常站起來走來走去。
不要這樣啦！
咯—
哇～不要踩到！
擦
踩
啊!!
天啊～踩到果醬了!!
咯
咯
吧噠
吧噠
小孩子為什麼會偏偏踩到不該踩的地方呢？

一看，地上除了那以外還有很多汙漬。
……
這黏答答的東西是什麼？
擦
擦
小米，走，把拔帶妳去上廁所吧？
不要～
坐一下也好嘛～
……
是不是因為洗手間裡感覺太單調無趣呢？
於是，
不要～

在洗手間裡貼上各種女兒喜歡的東西。

貼

貼

無痕膠帶

弄好了!!

哇!!

呼

不知道什麼時候在坐墊上尿尿了!

天啊!!

因此開始洗第二輪的衣服。

這褲子上明明寫可以吸收一次的尿量，怎麼會這樣?!

啪

啪

家裡有小小孩真的很難維持家裡的整潔。

我已經放棄把家裡裝飾得很漂亮的念頭。

另一方面，女兒對裝飾過的洗手間並不太感興趣，

不要!!

仍然拒絕

結果變成大人每天在看。

都在看著我……

雖然拒絕去坐馬桶，但卻能接受學習褲。

堂堂的自尊心

女兒變得很會說話了，
啊！
ㄍㄨ子!!
有
ㄍㄨ子!!
可是發音
還是含混不清。
小米～
那個叫ㄍㄜ子。
ㄍㄨ子!!
ㄍㄨ子
ㄅㄛㄅㄛ～
是不是跟歌曲
混在一起了？
啊，
小雞!!
小雞？
這不是小雞，
這是麻雀啦。
噗
噗
啾
啾
!!
ㄇㄛㄇㄟ
ㄇㄛㄇㄟ
!!
哇～
妳說小雞
也差不多對啦!!
而且經常說錯，
可是我
如果不小心笑出來，
她就會生氣。
啊～
看來女兒已經有
「我已經懂很多了」
的這種自尊心。

第 3 章

小米 2 歲 6 個月～2 歲 9 個月

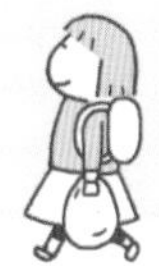

把拔，你看，ㄝˋㄋㄧㄤˋ！
噫？什麼？
ㄝˋㄋㄧㄤˋ!!
妳說什麼？
她說月亮!!
悄悄地
月亮
啊，真的吔，好漂亮的月亮～
小米真會發現東西！
好圓喔～
自己想說什麼，當然想自己表達，
謝謝妳叫我看月亮。
嘿嘿嘿
我只要悄悄地從旁協助就好。

有什麼事做不好，覺得懊悔的時候，
不知道為什麼反過來捏我。

小米的獨唱會

女兒很喜歡看某個兒童節目的演唱會，
小朋友～
大家好～!!
哇～
哇～
錄下來了
看過好幾次之後，
小米～退後一點～
接下來是這首歌～
恰啦鏘～
那麼我ㄙㄡˇ先要唱的ㄙㄨˋ～
喔喂喔喂!!
竟然自己開起演唱會了。
喔喂喔喂
觀眾
玩具麥克風
瓦楞紙箱
歌曲大多是她自創的，
一～さ～三～
藍色的海獺!!
藍色的海獺!!
黃色的海獺!!
黃色的海獺!!
嗯嘛嗯嘛嗯嘛嗯嘛
嗯、嗯、啪～!!
嗯嘛嗯嘛嗯嘛嗯嘛
嗯、嗯、啪!!
觀眾還會被要求一起唱和。

中間還穿插跟觀眾問好，
大家午安!!
你們好嗎？
哇—
哇—
也有訪問觀眾的時間。
妳喜歡什麼ㄙㄨ物呢？
嗯～我喜歡鮪魚。
來～拿這ㄍㄡ～
演唱會還沒這麼快結束喔。
應援道具
嗚嗚嘛嘛
ㄎㄨㄥㄎㄨㄥ!!
哇—
哇—

嗯～接下來是～
啪
啪
啪
啊，小米，走，我們去洗澡了吧？
還ㄡˋㄨ行啦!!
接下來是安可曲啊！
落淚
看到女兒這麼傷心的表情，也就不忍心勉強她。
安可曲也遲遲不結束
演唱會繼續進行。
與其說這是演唱會，
倒不如說是馬拉松式獨唱會。
啵耶～

接下來是~

呼—

ㄨㄞㄨㄞ

太好了!!

喔

不知道為什麼每回最後都是唱這首歌。

ㄨㄞ~ㄨㄞ~

ㄨㄞㄨㄞ~

開心~開心~

旋律是aiai

哇—

結束了?

結束了。

啪 啪 啪 啪 啪

大約一個小時的公演終於結束了。

哇—太好了~

耶~耶~

結束了~

呼— 呼—

小米

真的很喜歡唱歌。

是不是有音樂方面的天賦?

將來當作曲家什麼的?!

每家的父母大概都是這樣期待吧?

哈哈

大概吧,可是有感興趣的事情是件好事,

如果可以的話,當然是希望能幫助她發揮天賦。

所以呢,這之後也盡可能地每天陪女兒做她「喜歡」做的事。

喔喂~~

譯註:〈aiai〉以棲息在馬達加斯加的猴子為題材的日本童謠。

女兒的創作歌曲中匯聚了她所認識的世界。

參加幼稚園面試

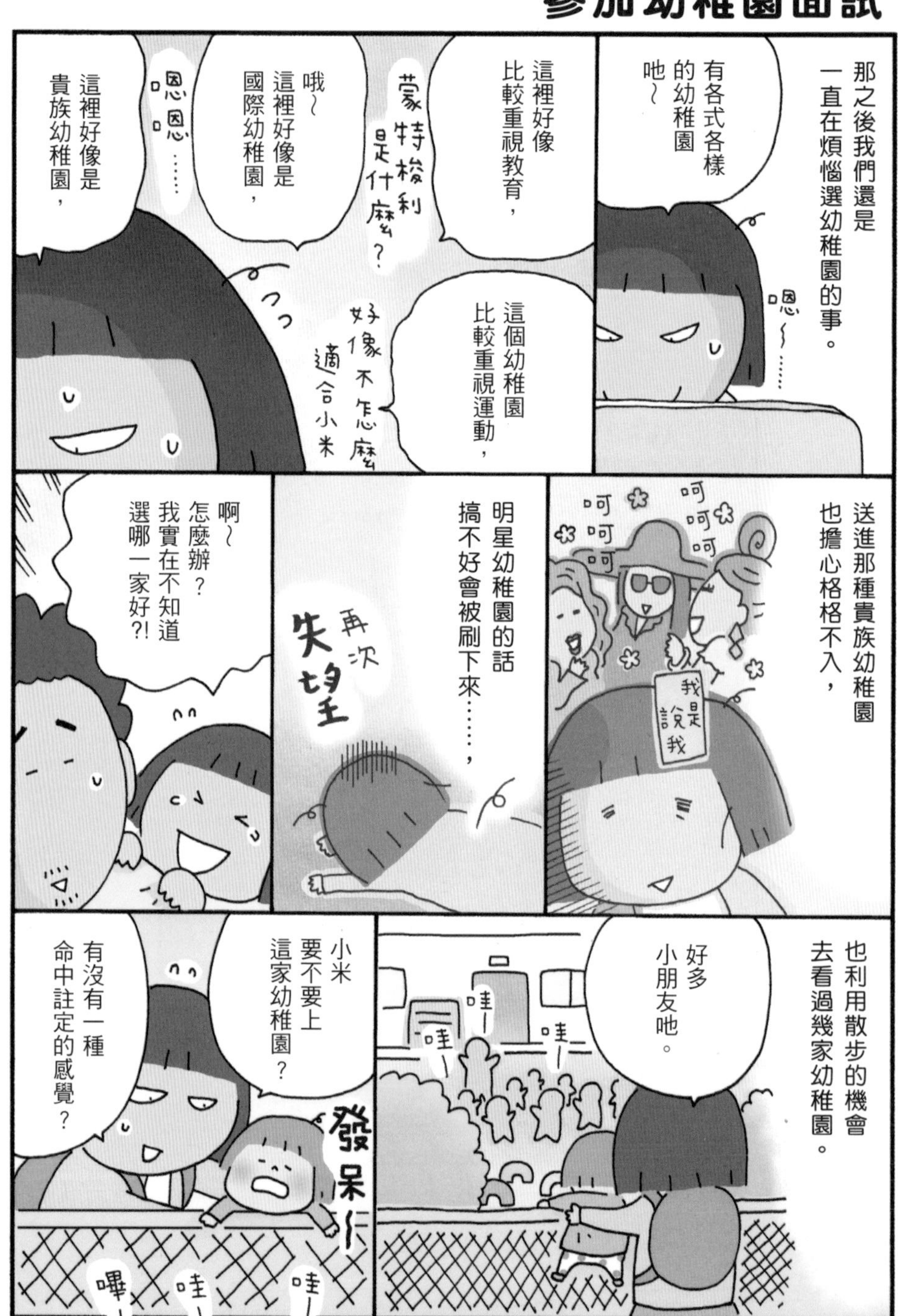

那之後我們還是一直在煩惱選幼稚園的事。
有各式各樣的幼稚園吔~
嗯~……
這裡好像比較重視教育，
蒙特梭利是什麼？
這個幼稚園比較重視運動，
好像不怎麼適合小米
哦~這裡好像是國際幼稚園，
嗯嗯……
這裡好像是貴族幼稚園，
送進那種貴族幼稚園也擔心格格不入，
呵呵呵
呵呵呵
我是說我
明星幼稚園的話搞不好會被刷下來……，
再次失望
啊~怎麼辦？我實在不知道選哪一家好?!
也利用散步的機會去看過幾家幼稚園。
好多小朋友吔。
哇-
哇-
哇-
小米要不要上這家幼稚園？
有沒有一種命中註定的感覺？
發呆~
嘩-
哇-
哇-

雖然還只是幼稚園，
可是如果因為在那裡
遇到的人顛覆了
小米的一生，
那怎麼辦？
責任重大
我心裡不由得
這麼想。
有一回和老公
去看一家幼稚園，
哇——
哇——
在那裡。
那裡氣氛非常和睦，
自由自在，無拘無束。
老師也是笑咪咪的
哇——
哇——
咯——
咯——
哇——
我滿喜歡
這裡的
氣氛的。
我覺得這裡
好像很適合
小米。
哇——
哈哈哈
咯——
後來又去看看其他的幼稚園，
哇——
哇——
看不見……
也參加說明會
或報名體驗，
嗯～
幼稚園～
我覺得還是
之前那家幼稚園
比較合適!!

因此決定報名那所幼稚園。
拿了報名表
面試是11月1日。
星期五，那我要上班。
蛤～你不一起去喔?!
那天剛好不能請假。
因為是月初
我從以前就非常害怕面試。
嗯嗯……應應……應徵的動機是～
全身僵硬
應徵打工時經常被刷下來
哇!!我好怕面試喔!!
一定會出錯!!
你怎麼可以這樣事不關己!!
嘰哩呱啦～
真的有點不知如何是好。
但是為母則強，我也就硬著頭皮上場了!!
11月1日
穿著正式!!
套裝
偏偏這天女兒一點都不願自己走，結果幾乎是一路抱到幼稚園。
馬麻不習慣穿這種鞋走路，
小米妳下來自己走嘛～
呼～
抱緊～
不要～

我一身大汗地到了幼稚園，那裡已經有很多等著面試的小朋友和家長。
第18號～
我們是第50號～
呼～
很多是夫婦一起來的，
爸爸也都很年輕。
吵雜
吵雜
瞄
妳好～
第22號～
這時遇見在兒童館認識的媽媽，聊著聊著……
妳們也報名這家幼稚園喔？
是啊～
第50號～
輪到我們了!!
您……您好……
這邊請。
嘎啦
忐忑不安
面試的時候雖然很緊張，但我和女兒都盡了最大的努力。
這是什麼顏色？
橘子色～
您的小孩喜歡什麼樣的繪本呢？
她最近很喜歡看圖鑑～

面試結束。
呼～好累喔!!
咚
辛苦了～
奶奶～
我們從幼稚園直接到婆婆家。
我決定下午把女兒託給婆婆，一個人去看榜單!!
哼
哼
錄取者的號碼會公布在榜單上貼出來。
這是我自己的升學考以來第一次嘗到這種心情～
不安
忐忑
10 12 13 29 30 31 47 49 50 51 52 53
看到了!!
順利被錄取了。
趕緊給老公mail
呵呵

乾杯～
恭喜小米考上了!!
乾杯～
蘋果汁
100%
小米春天就要去上幼稚園了吔。
妳很高興齁?!
咕嚕
咕嚕
蘋果汁
下決定前心中充滿了不安，
事情確定之後，反倒是充滿期待!!
吸～
好想趕快看看小米穿制服的樣子～
入園式的時候我穿什麼好呢？
蘋果汁
開心
開心
開心
開心
妳也會有媽友吧？
哈哈哈，那裡已經有認識的人，我們還聊了一下呢!!
到了春天又會面臨什麼事呢？
.....

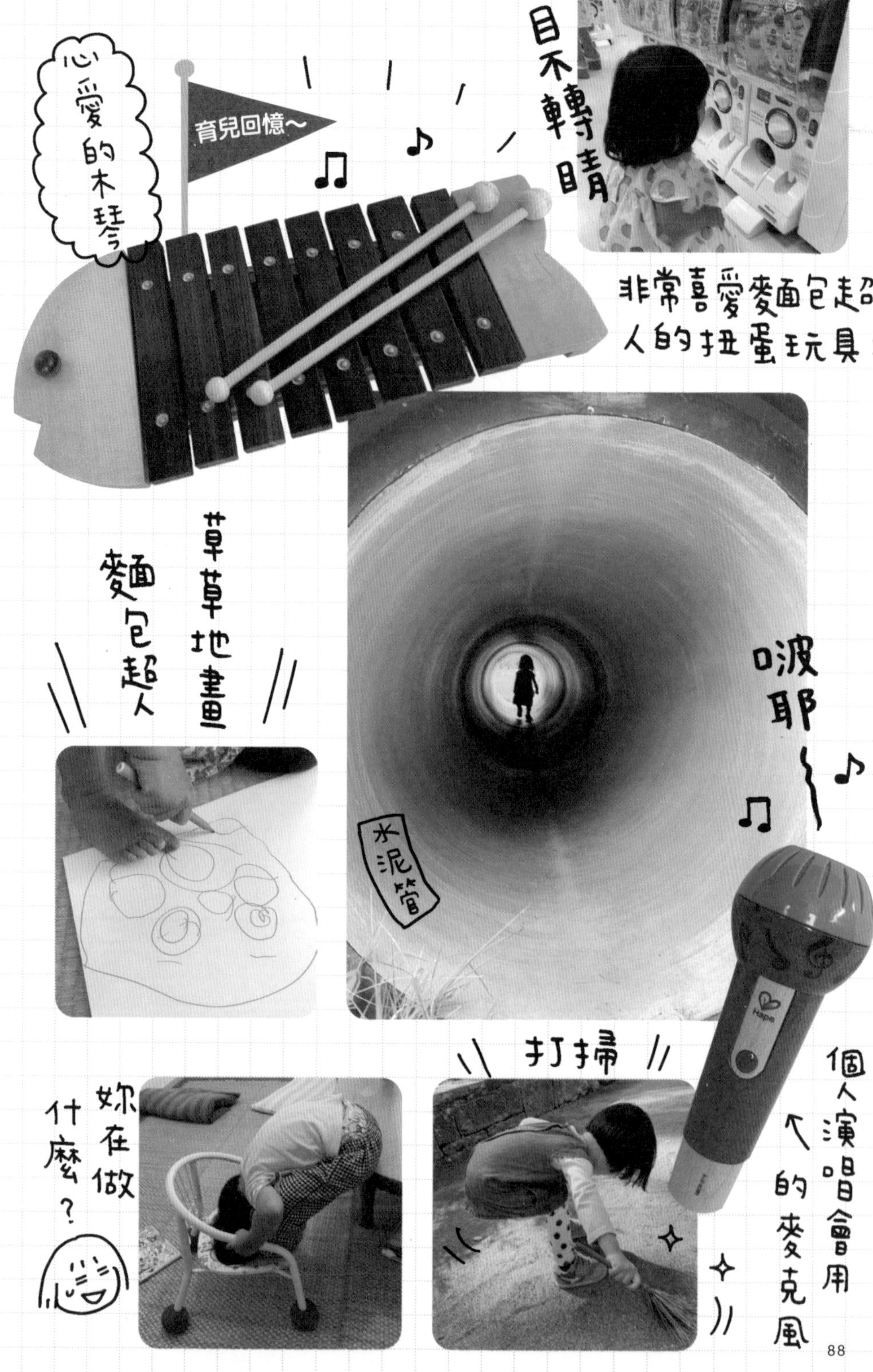
育兒回憶～
心愛的木琴
目不轉睛
非常喜愛麵包超人的扭蛋玩具!!
麵包超人
草草地畫
水泥管
啵耶～
打掃
妳在做什麼？
個人演唱會用的麥克風
Hape

第4章

小米的七五三節

譯註：七五三節是日本一個獨特的節日。神道教裡有一個習俗，新生兒出生後三十到一百天內需至神社參拜保護神，到了三歲（男女童）、五歲（男孩）、七歲（女孩）則於每年的十一月十五日再去神社參拜，感謝神祇保佑之恩，並祈祝兒童能健康成長。參拜日以前定在十一月十五日，但現在很多家庭都根據自己的情況安排。

第4章
小米2歲10個月～3歲

連忙去婆婆家，請婆婆幫女兒穿和服。
奶奶
麻煩您了!!
小米～♥
蜂擁而入
女兒大概是很開心可以穿和服，
來～手舉起來一下～
比預期的乖多了。
好好可愛喔……
感動～
還有這些小物要穿戴呢!!
然後立刻前往神社。
呼
呼
一直用抱的
已經有人在照相了!!

決定先拍照留念。

來~看這邊!

妳看，小熊喔!!

七五三

可是女兒好幾次都把腳上的夾腳拖鞋脫掉，拍照只得暫停……

啊，小米!!

啊阿—

丟

是不是因為新的鞋子太硬，不好穿。

應該先把鞋子撐開弄軟一點的。

慢慢來，不用急~

不要—

撐開

弄軟

接下來是參加祈禱儀式

乖乖坐好啦~

啊嗚~

誠惶誠恐

誠惶誠恐

女兒的心情也還不錯，

吃吃

吃吃

砰!!

攝影機沒拿好摔下去，鏡頭破了。

砰!!

露天茶座

總算完成七五三節的參拜。

呼~

到家後立刻脫掉

沒想到……

噫?襪子裡有襯紙!!

兩邊都有!!

蛤?竟然忘了拿掉!!

是我幫小米穿的……

所以她才一直要把夾腳拖鞋脫掉的吧?

小米，對不起~

雖然出了些小錯，但終究是一個很好的紀念。

相片也拍得很好♥

看七五三節的相片發現一件事實。

專心工作的時間和陪伴家人的時間

咳咳
咳咳
嗯，啊～好好吃喔！
哇～小米，謝謝妳～
接著女兒又不停地端過來……
這˙ㄍㄡ也給妳ㄘㄨ～
啊～
哐啷
哐啷
滾～
滾～
馬麻妳在做什麼？
哇～
啊……嗯……馬麻在畫畫～
馬麻好ㄆㄤˋ喔!!
馬麻好厲害!!
臉紅～
啪
啪
啪
謝謝～

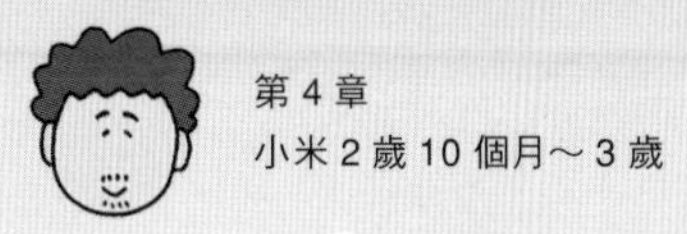

第 4 章

小米 2 歲 10 個月～3 歲

我也要畫畫～

那……這張紙給妳畫。

好擠喔……

啊—

圓圈～

用力

用力

用力

馬麻妳看～我ㄈㄚˋ了馬麻喔～

哇～妳畫了馬麻喔？

謝謝～

對了……妳今天要不要睡午覺啊？

我不睡，我不想睡覺！

斬釘截鐵

我再來要ㄈㄚˋ把拔。

圓圈～

圓圈～

眼睛～

啊～不知道怎麼收尾。

被占領了

馬麻～跟我玩～

咚

咚

咚

咚

結果工作還是沒做完。

隔天是星期六，天氣很好，

但是只好請老公一個人帶女兒出門。

那我們出去嘍！

馬麻～

路上小心喔～

不好意思～

趕快工作!!

就位

可以完全不被打擾專心工作，

真是一件奢侈的事。

靜悄悄～……

可是好安靜喔……

馬麻給妳～

最近太忙了，都沒好好陪妳玩。

嗚嗚……對不起，馬麻會努力工作的!!

多虧有這段難得的一個人的時間，我的工作也順利完成了。這時……

老公萬分疲憊地回到家來。

她一直要我抱，後來她就這樣睡了兩個小時，

剛才好不容易醒過來，我才帶她去買東西回來。

馬麻～

馬麻，這ㄍㄡ給妳～

○○○西點

而像這樣全家在一起

嗯～好好吃喔～謝謝!!

咯—

咯—

也是一件幸福奢侈的事。

一個人玩花牌，又唸牌又取牌，
還充當落敗的對手。

驚濤駭浪的搬家過程

我們要搬家了，正忙著打包。
嘿咻 嘿咻
以前老公的老家是婆婆一個人住，
屋齡50年
我們決定把那房子改建成不那麼嚴格區分的二代宅，跟婆婆一起住。
一個人住的時候搬家雖然辛苦，
呼～
然而現在東西更是多得不得了。
咯——
小米，妳幹什麼?!
我好不容易才裝好的耶!!
嘩啦 嘩啦
而且還有人從旁搗蛋，一點進展都沒有。
只好趁女兒晚上睡覺以後，和老公一起整理打包。
呼ー 呼ー
窸窸窣窣 窸窸窣窣
然而進度還是很慢，
窸窸窣窣 窸窸窣窣
嗚～～ 怎麼都弄不完?!
小亞你的東西太多了啦!!
漫畫
衣服
佛像公仔
其他雜七雜八的東西
妳的東西也很多啊!
電腦
沒辦法啊!! 那些都是工作上的東西。
稿子
收集的小東西
書

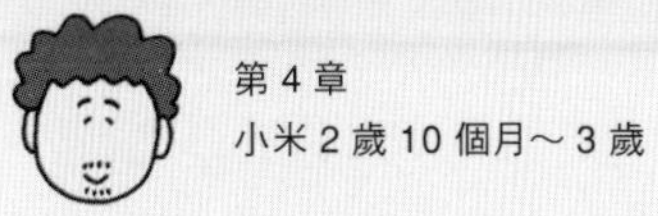

第 4 章

小米 2 歲 10 個月～ 3 歲

新婚的時候，家裡的東西很少，井然有序……

忐忑忐忑

也沒桌子，把板子放在箱子上當桌子用。

還多了很多小米的東西，說來也是沒辦法的事～

懷念～♥

磨蹭磨蹭

這些嬰兒用品已經用不到了，不過還是捨不得丟。

嬰兒車和嬰兒搖椅要不要拿去二手店？

嗚嗚……也好。

這個也很捨不得～

摸摸

女兒會走路以後，地上鋪滿了隔音地板墊。

這些東西得全部搬走以後才拿得起來。

非常多

小米是在這個家出生長大的，

哇哇哇

哇哇～

哇哇哇～

我也是在這個家初為人母。

乖乖乖乖～

哇哇哇～

小米會不會把這個家給忘了呢？

3 歲以前的事大概都不會記得吧？

搬家當天我搞不好會哭……

我心想……

終於到了搬家當天!!

搬家公司快來了，可是還沒打包好!!

慌亂

慌亂

唉呀~

散亂

散亂

馬麻~馬麻~

小米，拜託妳趕快吃好不好？

嗚嗚

咯

咯

叮咚~

啊！來了!!

小米，危險!!到這邊來!!

可是整個搬家過程有如驚濤駭浪一般，

迅速敏捷

這個放哪裡？

後面借過~

啪噠啪噠

哇~

哇~

根本沒時間感傷。

結……結束了……

新居

咯~

婆婆也在同一天搬過來。

辛苦了~

暫時租了一個住處→

奶奶~

從超市買了一些熟食，大家湊合著一起吃晚餐。

呼~

咯

咯

阿哈哈

四個人的生活就此開始!!

耶~

可是更辛苦的應該是堆了約50年分
東西的老公老家那邊。

頂樓就是院子

搬到新家也已經過了一個月。
咯—
咯—
啪噠
啪噠
中午可以在奶奶家吃嗎？
可以啊!!
當然可以!!
女兒每天元氣滿滿，
馬麻——
接好喔～
哇—
咯—
咯
啪噠
啪噠
要不要做妳的？
不用，謝謝，我自己隨便吃就好。
呵呵呵呵
也可以自由來去婆婆住的樓層。
啊，小米！
奶奶～
碎步
快走
我去奶奶那邊一下！
好～去吧！
呼～
哇——哇——
吃什麼好呢？
窸窣
窸窣
窸窣
窸窣
呵呵呵
最近偶爾會有這樣的日子，我可以吃自己喜歡的東西，真開心!!
好好吃喔～
省時又省事
老公的
1.5倍
豬肉泡菜拉麵

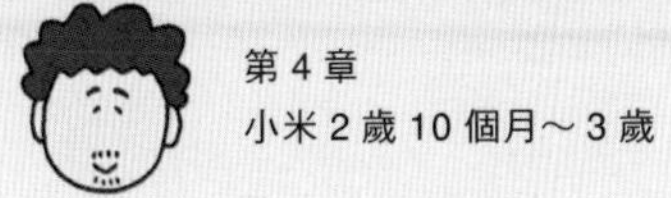

第 4 章

小米 2 歲 10 個月～3 歲

有一回決定在院子挖一個大洞，

挖 挖

預定在地底下蓋一個房間，

哇ー 哇ー

家具也是土做的

不過很快就發現這計畫太冒失了。

呼 呼

挖洞不是一件輕易的事

不過我現在依然記得當時那種歡欣雀躍的心情，和觸摸泥土、花草的感覺和味道。

在外面難免會提醒女兒，

哇，不可以摘!!

愛護花草

但是在這裡我想讓女兒不受拘束隨意地活動。

這ㄙㄨˋ什麼？

這是草莓的幼苗。

會長出草莓喔～

呼～

嗚～好冷喔!!

好期待綠意盎然花朵盛開的季節

還是進去吧～

趕快到來!!

大雨之後院子積了一個大水窪，
我把輪胎放在上面玩。
好開心喔～

第一次的發表會

搬家忙得不可開交的時候，還有一個很重要的活動得參加，
哇，下下星期就是正式表演了～
〇〇音樂教室 發表會
那就是從春天開始上的音樂教室的發表會。
衣服怎麼辦？
女孩子的話，有的好像會穿小禮服。
肉!!
樂教室 發表會
嗯～小米穿小禮服好像不太配。
THE
日系長相
而且也沒時間去買，我看就穿幼稚園面試穿的那套衣服吧！
的確……
因此發表會當天是穿這樣，
加上婆婆四個人一起出門。
相機、攝影機～
咯咯
咯咯
會場設在一個很大的會館。
哇喔～，很正式吔!!

怎麼
大人比小孩
還緊張……
老公和婆婆坐在
後頭的座位
不安
忐忑
首先是
○○班～
小孩得自己上台表演，
沒有大人陪伴，但是有
很多小孩哭鬧著不肯上台。
沒辦法的
時候，家長只
好一起上台。
乖～
加油～
馬麻
馬麻～
小米
可以嗎？
不安
發呆～
忐忑
接下來
是○○班～
啪
啪
啪
啊，小米
輪到妳了!!
起身
我有些擔心，
但女兒一個人跨步向前
走到台上，
跨步
前行
不要～
生動活潑開開心心地
跳起舞來。
恰
喀
鏘
鏘
如魚得水
一般!!
到底
是像
誰?!

女兒也似乎很滿意自己的表演，
妳台風穩健表現得很棒吔!!
開心
小米跳得好棒喔~
開心
開心
開心
讚ー!!
老師
被大大誇獎♥
看來努力讓女兒去上音樂教室，沒有白費……
感動~……
我也感受到女兒的成長。
發表會結束後，接踵而來的是……
嗯~要準備便當盒、筷子收納盒、杯子、水壺、室內鞋、白襯衫、白襪子、手帕……
還要做坐墊套、室內鞋收納袋等等一大堆東西!!
哇啊ー
準備幼稚園要用的東西!!
急忙買了可愛的布回來，
繩子等
開始慢慢做需要的東西。
嗯~坐墊套的尺寸是？

馬麻～跟我ㄨㄤ！
哇!!
咚
小米，妳該午睡了吧？
跟我ㄨㄤ！跟我ㄨㄤ！
滾～
滾～
滾～
以前放著不管，女兒午睡可以睡上三個小時，但現在已經漸漸不睡午覺了。
我要買這個～
歡迎光臨～
一直玩購物遊戲
活力十足
呼～今天都沒午睡，撐到現在……
相對的也比較早睡。
熟睡～
8點就寢
這也是一種成長吧！
我如此心想……
呼ー
呼ー
呼ー
而我總是得到晚上才能專心做事。
答答答答……

啊～
坐墊套的鬆緊帶
位置弄錯了！
打毅手～
沒辦法
只好拆開重縫。
辛苦了～
好像
很麻煩。
你也來
幫點忙吧，
這個給你！
姓名貼
平假名
印章
STAMP
PAD
手帕、鞋子等等
全都得貼名字，
所以呢，
你幫我在姓名貼上
用印章蓋上名字。
天啊～～
哇～
蓋到外面了!!
沒想到
這麼難弄
答答答答……
瑣碎
瑣碎
瑣碎
就這樣夫婦倆
開夜車……
總算順利完成!!
坐墊套
便當袋
杯子袋
室內鞋收納袋
手帕

可是小米會自己好好地吃便當，上洗手間嗎？
趕快吃～！
來～
嘴巴張開～
(尿尿)
來，把拔弄～。
在家裡都是大人幫忙。
這個水壺她自己會開嗎？
有點緊，不好開。
打開
會自己換穿室內鞋嗎？
啊－
這個筷子收納盒也好像有點緊。
嗚嗚～
就算想幫忙也幫不了了……。
會不會自己告訴老師要去尿尿？
扭扭
捏捏
會不會想睡覺就哭了起來？
馬麻～
馬麻～
我能夠每天做便當，準時送她去幼稚園嗎？
啊～！來不及了～！
啊－
妳加油吧……
要擔心的事情真的太多了……
不知不覺間櫻花已經開始綻放了。

育兒筆記

譯註：日語中木瓜（パパイヤ）的發音和「不要把拔」（パパいや）的發音相同。

第5章

用自行車代步

女兒今年春天要開始上幼稚園，
嗯……
有一件事我遲遲無法決定，
那就是要不要買電動自行車。
用走的也是到得了。
可是每天走路接送很辛苦吧？
以小米走路的速度，大概15～20分鐘吧？
我贊成買！
我也想騎
嗯……
問問已經有電動自行車的媽友們，
騎起來很輕鬆!!
我買對了!!
大推!!
大家大多這樣說……
但是就我以前的經驗，每次看到這種景象，
走嘍～
呼～
看起來好辛苦！
都覺得是育兒生活很辛苦的象徵畫面。
與其說我沒自信騎那種車，其實說穿了是——
我很害怕
沒問題的啦～
雖然這麼說……
鏘——!!
結果還是買了!!

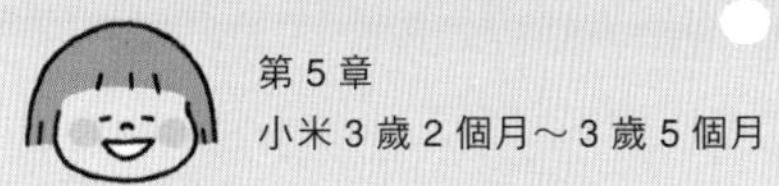

第 5 章
小米 3 歲 2 個月～3 歲 5 個月

以前如果有這個，我就不會那麼辛苦了。
我以前就叫妳買，是妳不要的。
應該早點買的……
雖然這麼想……
咯～
抱抱～
好重……
呼～
不過我終於要開始騎電動自行車了!!
小米～要不要去兜兜風啊？
要～
看到一樣載著孩子的媽媽們，
馬麻～
什麼事？

電動自行車真不錯!!
讚!!
我已經自認和她們是夥伴了!!
女兒開始會走路時，我的育兒生活進入了第二階段，
會走路了!!
搖搖晃晃
現在似乎要進入第三階段了。
我們走嘍!!
我懷著這樣的心情迎接春天的到來。
嘿～
咯～
咻
咻
咻
騎上坡路也很輕鬆♥

早知道就早點買電動自行車，這樣也可以讓小米坐前面。（視野廣闊!!）

直子家庭美髮結束營業

以前女兒的頭髮都是我剪的，
直子家庭美髮
嘿～
妳看電視吧！
小心翼翼
啊！不要動!!
小米!!
但是女兒會亂動，所以每次都要剪很久。
咯—
咯—
要上幼稚園，如果剪壞了怎麼辦？
漸漸地我覺得幫女兒剪頭髮壓力很大，
忐忑
不安
咯—
咯—
我想預約剪髮，我和女兒兩個人。
終於決定帶女兒去美容院給人家剪頭髮!!
我的頭髮也長了
那家美容院有兒童遊戲區，我以前也帶女兒去過幾次。
那麼小的孩子你們也可以剪嗎？
沒問題啊!!還有更小的孩子也來這裡剪呢。
大家其實都滿乖的!!
可是也有的小孩又哭又叫的，沒辦法剪完，只好請他們改天再過來。
以前問設計師的時候，她也是說百分之八十到九十沒問題。
嘿～
不過當天為了以防萬一，我還是在口袋裡塞了一些可以轉移女兒注意力的東西。
迷你繪本、玩具……
貼紙、點心、手機……
塞滿
塞滿

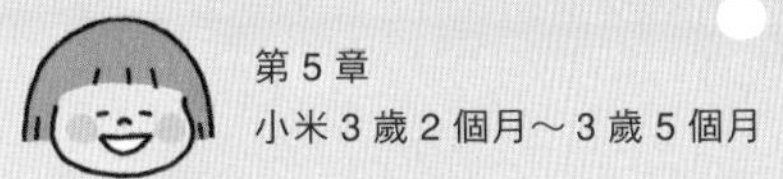

第5章
小米3歲2個月～3歲5個月

我從幾天前就跟女兒說明，
今天要去剪頭髮，對不對？

女兒看起來好像還滿期待的。
這裡嗎？
這裡對不對？
是啊～！
HAIR STUDIO

歡迎光臨!!
喀啷～
小米～等一下!!
碎步快走

坐坐～坐坐～
請坐
好像迫不及待……

媽媽這邊請～
啊，馬麻去那邊洗頭喔。
嗯。

好擔心喔。
坐立不安
有沒有什麼地方會癢呢？
唰唰
唰唰
有沒有在哭呢？

馬麻來了～
啊!!
晴天娃娃♥

平整
您女兒很乖喔!!
旁邊請～
真的嗎？

女兒一邊跟設計師對話。

那是什麼動物啊？

喀嚓喀嚓

喀嚓

喀嚓

嗯～兔子……

借繪本給女兒

嗚嗚……好想看女兒在做什麼，可是看不到。

請低頭一點～

嗚嗚……

這個呢？

喀嚓喀嚓

嗯～……

喀嚓

好了！

掀

蛤？已經好了？

給馬麻看看！

哇—

我……我以前為什麼要自己剪得那麼辛苦？

整個過程非常順利，讓我不禁啞然。

順利剪完頭髮!!

兩人都是清爽的妹妹頭♥

不愧是專業!!

謝謝妳們!!

掰掰～

口袋裡的東西根本用不到……

女兒對這次的體驗似乎很滿意，

3歲就上美容院剪頭髮，小米妳好厲害喔～

馬麻小學三年級才第一次上美容院呢

還要不要去美容院剪頭髮？

嗯～

我看直子家庭美髮已經可以結束營業了。

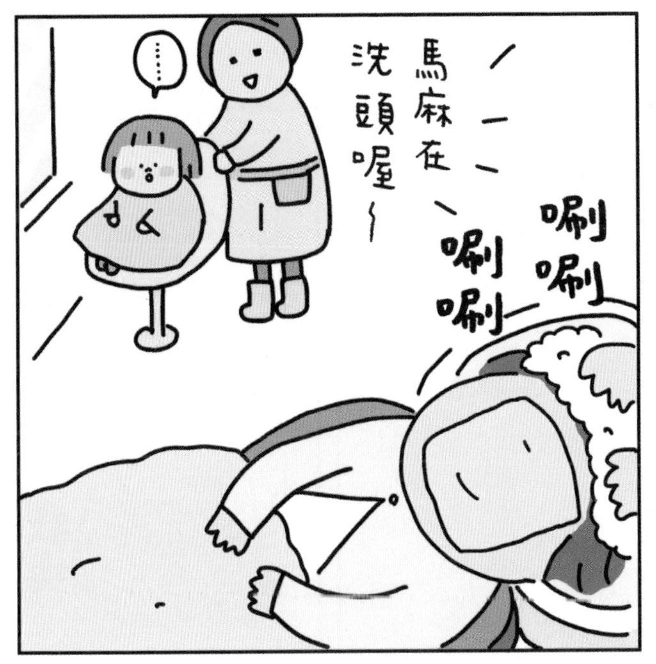

小孩子剪髮不含洗頭，可是女兒好像很想躺在洗髮椅上體驗一下。

脫離尿布

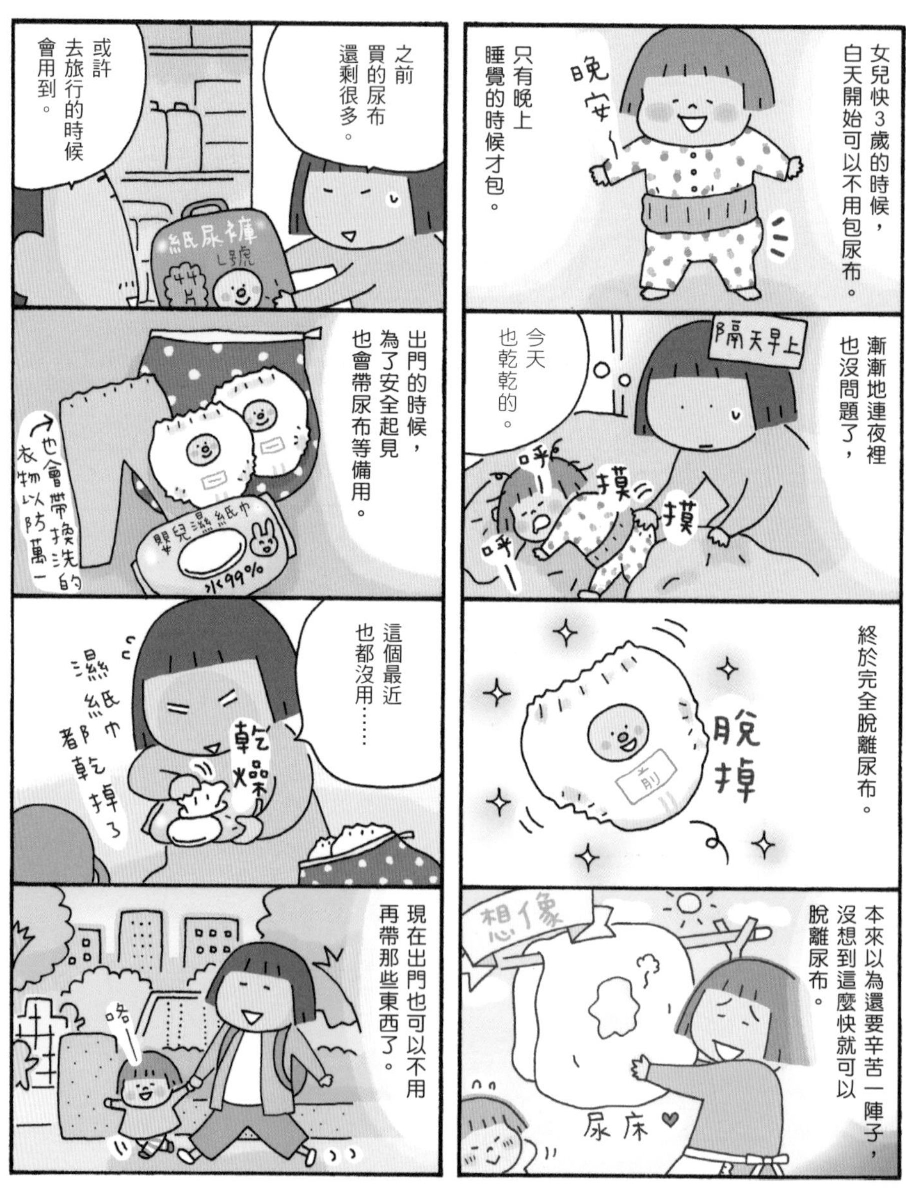

女兒快3歲的時候，白天開始可以不用包尿布。
晚安～
只有晚上睡覺的時候才包。
隔天早上
漸漸地連夜裡也沒問題了，
今天也乾乾的。
呼—
摸
摸
呼—
終於完全脫離尿布。
脫掉
本來以為還要辛苦一陣子，沒想到這麼快就可以脫離尿布。
想像
尿床♥
之前買的尿布還剩很多。
或許去旅行的時候會用到。
紙尿褲
L號
44片
出門的時候，為了安全起見也會帶尿布等備用。
也會帶換洗的衣物以防萬一
嬰兒濕紙巾
水99%
這個最近也都沒用……
濕紙巾都乾掉了
乾燥
現在出門也可以不用再帶那些東西了。
咯—

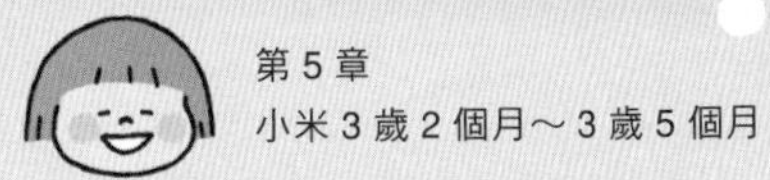

第 5 章
小米 3 歲 2 個月～3 歲 5 個月

脫離尿布，女兒活動起來更輕盈自在。

咯

咯

輕盈

我的包包也變輕了。

只有水壺和上衣

有一段時期連出個門都得帶很多東西，

母子手冊

圍兜

奶嘴

陽傘

換洗衣物

尿布等

麥茶

點心

毛巾

背帶

奶瓶奶粉

凡士林

玩具

跟有比我女兒大6歲的孩子的朋友提起這件事。

每次出門都像是要去旅行一樣一大包東西！

大包～

哈哈哈，我們家以前也是這樣，

可是有一天要帶的東西突然就變少了。

我最近在想

咯—

朋友說的「有一天」是不是已經來了？

去到藥妝店，

啊，今天尿布特價吔!!

紙尿布 8折

我都忘記已經不需要尿布了。

哈哈

還是習慣看看紙尿布的價錢。

我最近一直在猶豫要不要買一個東西……
瞄……
那就是輕微漏尿用的棉墊。
輕薄乾爽
Organic Cotton 100%
瞬吸乾爽
棉柔服貼
瞬吸不外漏
安心
瞬吸不外漏
10cc
找到了!!
懷孕期我就有這方面的問題。
哇~這個好可愛喔！
仔細一看，包裝設計和種類都很豐富多樣。
量少型
輕薄瞬吸
瞬吸不外漏
輕薄
年輕女性也很多人有這方面的煩惱嗎？
或許根本沒什麼好害羞的。

好，那就買來用看看吧!!
老公，請你一起結帳吧!!
丟
檸檬汁
哈哈哈，小米脫離尿布了，
瞄
現在換妳了。
……
生氣……
喂，沒禮貌~
哇！開玩笑的啦
於是我包包裡的東西又增加了一點點。
這是什麼~?

謝謝～

自行車新手

電動自行車
大大派上用場，
今天去
遠一點的公園
看看吧！
以前很難到得了的地方
現在也可以輕鬆到達。
咻～
到了！
來到和平常不一樣的地方，
女兒也似乎很開心。
快走
碎步
我由衷
覺得。
真是
買對了。
摸
摸
回家的時候，
馬麻可以順便
去一下超市嗎？
另一個好處是
順道辦事時
也很方便。
好啊！
但是我很怕
碰到一個東西，
那就是
……
SUPER MARKET
咻
常設在超市或車站的
雙層自行車停車裝置!!
嗚～
空位都在上面。
自行車很重，
所以我很不喜歡
停在這種地方。

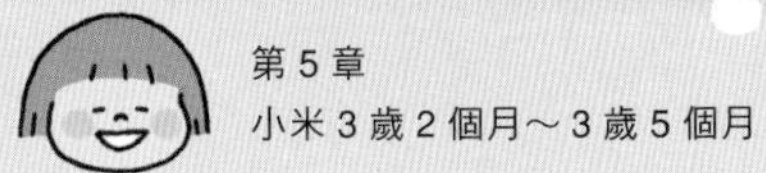

第 5 章
小米 3 歲 2 個月～3 歲 5 個月

啊，那邊下面有空位!!

太好了!!♥

讓女兒先下車，

妳站在那裡等馬麻喔～

嗯。

絕對不可以亂動喔！

話又說回來，把自行車停在這種地方真的很累人!!

喀鏘

嗚嗚嗚～

呼～總算停好了～

小米～妳晚上想吃什麼？

¥98

啊，牛奶特價吔！

買回去吧♥

有自行車也就不用怕買很重的東西提不動。

但是我失算了！

呼～

嗚～～

呼～

玩累了的女兒呼呼大睡!!

很重

搖搖

晃晃

嘿咻～

咚

奮力把女兒和一堆東西放上自行車。

回家嘍……
喀!!
噫?!

啊，忘了把鎖打開。
鎖的位置在後面

嗚~鑰匙在背包的口袋裡。
拿……拿不到……
搖晃

自行車後面還載著睡著的孩子，重心不穩，
而且太重了，停車架也立不起來。
哎呀呀
歪倒
搖搖
晃晃

哎喲~危險!!
我先幫妳扶著!!
抓

謝謝~
不會~
幸好有貴人相助!!

MAP
雖然我還是新手，
啊，這裡有個公園我怎麼不知道。

明天我們去那裡看看吧!!
好羨慕~
咯 咯
嗯!
不過和女兒一起冒險也很開心。

後來老公也把通勤用的
腳踏車換成電動自行車。

母女倆都
是妹妹頭
太小穿不下
的鞋子
育兒回憶～
金蟬脫殼
老公自己用海
綿蛋糕做的
聖誕蛋糕♡
第一次挑戰
我也穿過的
七五三節的和服
上幼稚園要用的東西
正在幫忙做家事♡
嘿咻
嘿咻

尾聲

我們一直期待著小米
春天要上幼稚園!!
但因為新型冠狀肺炎疫情蔓延，被迫延期。
上面寫不確定什麼時候開學……
○○幼稚園
之前上的音樂教室也停課，女兒每天都很無聊，
無所事事
喔嗚～
因此我們經常和婆婆一起出去散散步。
我們去看電車吧～
幼稚園如果開學了，大概就不能像現在這麼悠哉地散步了。
妳看～蝴蝶～
咯－
就把這想成多了一段和女兒在一起的時間……
幼稚園終於6月要開學了!!

也有縮小規模的入園典禮，
賀新生入園
熱鬧
熱鬧
呼～六月穿套裝好熱喔！
請各位家長和小朋友們排隊～
聽說今天會熱得跟夏天一樣。
嘈雜
嘈雜
嘈雜
典禮是在戶外舉行。
嗯～今天～
本來想女兒的入園典禮時，
我大概會感動得哭了起來。
非常簡單地舉行～
但終於迎來這天，心中宛如放下一顆大石頭，
噫？已經結束了?!
加上入園典禮不一會兒就結束了，
入園典禮到此結束～
也沒有班級合照
根本沒時間感傷。
呼～
撲通

幼稚園生活終於就此展開。
小米，拜託妳趕快吃飯啦！
快遲到了!!
小米!!
愛睏
但是遵守時間真是一大考驗。
路上小心喔～
我們走嘍!!
小米第一天上幼稚園，我心裡七上八下的……
小米妳們班的教室在這裡～
哇～
哇～
小米妳可以一個人進去嗎？
哇——
不要～不要～
馬麻——
馬麻——
……
本以為女兒會嚎啕大哭的，
哇——
沒想到她一個人跨步往前走，進到教室。
連頭也沒回
蛤——?!

周圍有很多小朋友在哭。
哇——
馬麻——
啊——
沒想到她這麼厲害……
而我則先回家一趟。
我回來了~
妳回來了~
從一早就弄得我好累~。
丟
不過算是順利地去了幼稚園，我也鬆了一口氣。
啊！
這時，低頭一看……，
看到女兒吃剩的早餐。
剛才人還坐在這裡……

現在已經去到
自己的天地裡。
想到這……
我忍不住流下幾滴眼淚，
這還是第一次。
啜泣……
第一天是兩個小時後
去接孩子回來，
才只過了
一個小時~
可是我擔心得
很想趕快去接女兒，
一直坐立難安。
然後，時間一到
立刻衝去接女兒!!
小米~
馬麻來接
妳了!!
鏘
鏘
大家
再見~
看……
看不到……
不安
坐立

嘎啦
哇
哇
媽媽來接你們嘍～
抽泣
抽泣
哇
哇
啊，小米～!!
後來聽老師說，那兩個小時有一半的時間
乖～
乖～
哇
哇
小米好棒喔……
拍
拍
拍
女兒都是在低聲啜泣。
從出生那一刻起，這三年來母女倆天天都在一起，彼此都還不太習慣分離，
乖～
乖～
馬麻～
馬麻～
但我們慢慢加油吧!!
聯絡簿

後記

非常謝謝讀者們對本書的支持。
世界瞬息萬變，你們都好嗎？

這一、兩年我經歷了搬家、與婆婆同住、女兒上幼稚園，
生活有了許多變化。
接著又是新型冠狀病毒的出現……
書中到女兒進幼稚園前音樂教室發表會那部分，
都還是過著平常的生活，
但之後由於疫情日趨嚴重，也對每天的生活產生很大的影響。

寫這篇後記的此時，疫情依然嚴峻，
無法讓活潑好動的女兒盡情地在外面玩耍，
連帶我也每天覺得有些鬱悶。

應該有很多人和我有同樣的煩惱吧？

但我不想在漫畫中描繪那樣的心情，因此除了尾聲的篇章之外，

都略過新型冠狀肺炎和口罩等。

敬請見諒。

希望大家能很快恢復正常生活，

而幾年後才看這本書的讀者們已經快遺忘新型冠狀病毒肆虐一事。

最後希望你們能繼續支持我的下一本作品！

2021年8月 **高木直子**

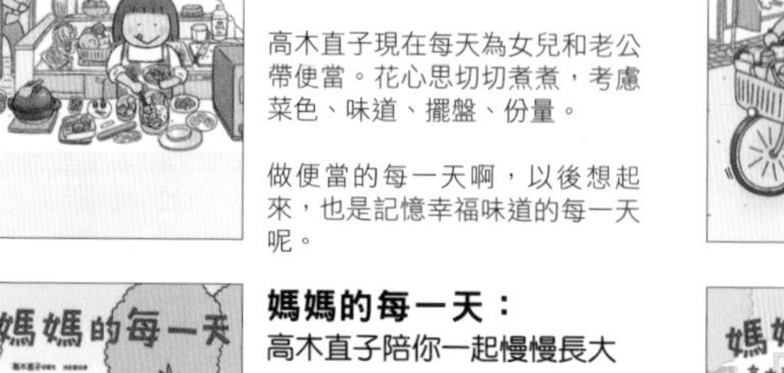

便當實驗室開張：
每天做給老公、女兒，
偶爾也自己吃

高木直子現在每天為女兒和老公帶便當。花心思切切煮煮，考慮菜色、味道、擺盤、份量。

做便當的每一天啊，以後想起來，也是記憶幸福味道的每一天呢。

媽媽的每一天：
高木直子陪你一起慢慢長大

不想錯過女兒的任何一個階段，二十四小時，整年無休，每天陪她，做她「喜歡」的事……
媽媽的每一天，教我回味小時候，教我珍惜每一天的驚濤駭浪。

已經不是一個人：
高木直子40 脫單故事

一個人可以哈哈大笑，現在兩個人一起為一些無聊小事笑得更幸福；一個人閒散地喝酒，現在聽到女兒的飽嗝聲就好滿足。

150cm Life
(台灣出版16周年全新封面版)

150公分給你歡笑，給你淚水。不能改變身高的人生，也能夠洋溢絕妙的幸福感。送給現在150公分和曾經150公分的你。

一個人住第幾年？

上東京已邁入第18個年頭，搬到現在的房子也已經第10年，但一個人住久了，有時會懷疑到底還要一個人住多久？

媽媽的每一天：
高木直子東奔西跑的日子

人氣系列：來到《媽媽的每一天》最終回，依依不捨！
同場加映：爸爸的每一天，小亞充滿愛的視角大公開！
有笑有淚：高木直子 vs 女兒小米的童年回憶對照組！

媽媽的每一天：
高木直子手忙腳亂日記

有了孩子之後，生活變得截然不同，過去一個人生活很難想像現在的自己，但現在的自己卻非常享受當媽媽的每一天。

再來一碗：
高木直子全家吃飽飽萬歲！

一個人想吃什麼就吃什麼！兩個人一起吃，意外驚喜特別多！現在三個人了，簡直無法想像的手忙腳亂！
今天想一起吃什麼呢？

一個人住第5年
（台灣限定版封面）

送給一個人住與曾經一個人住的你！
一個人的生活輕鬆也寂寞，卻又難割捨。有點自由隨興卻又有點苦惱，這就是一個人住的生活！

一個人住第9年

第9年的每一天，都可以說是稱心如意……！終於從小套房搬到兩房公寓了，終於想吃想睡、想洗澡看電視，都可以隨心所欲了！

生活系列

一個人漂泊的日子①
（封面新裝版）

離開老家上東京打拚，卻四處碰壁。大哭一場後，還是和家鄉老母說自己過得很好。
送給曾經漂泊或正在漂泊的你，現在的漂泊，是為了離夢想更進一步！

一個人漂泊的日子②
（封面新裝版）

一個人漂泊的日子，很容易陷入低潮，最後懷疑自己的夢想。
但當一切都是未知數，也千萬不能放棄自己最初的信念！

一個人好想吃：
高木直子念念不忘，
吃飽萬歲！

三不五時就想吃無營養高熱量的食物，偶爾也喜歡喝酒、B級美食……
一個人好想吃，吃出回憶，吃出人情味，吃出大滿足！

一個人做飯好好吃

自己做的飯菜其實比外食更有滋味！一個人吃可以隨興隨意，真要做給別人吃就慌了手腳，不只要練習喝咖啡，還需要練習兩個人的生活！

一個人搞東搞西：
高木直子閒不下來手作書

花時間，花精神，花小錢，竟搞東搞西手作上癮了；雖然不完美，也不是所謂的名品，卻有獨一無二的珍惜感！

一個人好孝順：
高木直子帶著爸媽去旅行

這次帶著爸媽去旅行，卻讓我重溫了兒時的點滴，也有了和爸媽旅行的故事，世界上有什麼比這個更珍貴呢……

一個人的第一次
(第一次擁有雙書籤版)

每個人都有第一次，每天都有第一次，送給正在發生第一次與回憶第一次的你，希望今後都能擁有許多快樂的「第一次」！

一個人上東京

一個人離開老家到大城市闖蕩，面對不習慣的都市生活，辛苦的事情比開心的事情多，卯足精神求生存，一邊擦乾淚水，一邊勇敢向前走！

一個人邊跑邊吃：
高木直子呷飽飽馬拉松之旅

跑步生涯堂堂邁入第4年，當初只是「也來跑跑看」的隨意心態，沒想到天生體質竟然非常適合長跑，於是開始在日本各地跑透透……

一個人出國到處跑：
高木直子的海外歡樂馬拉松

第一次邊跑邊喝紅酒，是在梅鐸紅酒馬拉松；第一次邊跑邊看沐浴朝霞的海邊，是在關島馬拉松；第一次參加台北馬拉松，下起超大雨！

一個人去跑步：
馬拉松1年級生
（卡哇依加油貼紙版）

天天一個人在家工作，還是要多多運動流汗才行！
有一天看見轉播東京馬拉松，一時興起，我也要來跑跑看……

一個人去跑步：
馬拉松2年級生

這一次，突然明白，不是想贏過別人，也不是要創造紀錄，而是想挑戰自己，「我」，就是想要繼續快樂地跑下去……

一個人吃太飽：
高木直子的美味地圖

只要能夠品嚐美食，好像一切的煩惱不痛快都可以忘光光！
只要跟朋友、家人在一起，最簡單的料理都變得好有味道，回憶滿滿！

一個人和麻吉吃到飽：
高木直子的美味關係

熱愛美食，更愛和麻吉到處吃吃喝喝的我，這次特別前進台灣。一路上的美景和新鮮事，更讓我願意不停走下去、吃下去啊……

一個人暖呼呼：
高木直子的鐵道溫泉秘境

旅行的時間都是我的，自由自在體驗各地美景美食吧！
跟著我一起搭上火車，遨遊一段段溫泉小旅行，啊～身心都被療癒了～

一個人到處瘋慶典：
高木直子日本祭典萬萬歲

走在日本街道上，偶爾會碰到祭典活動，咚咚咚好熱鬧！原來幾乎每個禮拜都有祭典活動。和日常不一樣的氣氛，讓人不小心就上癮了！

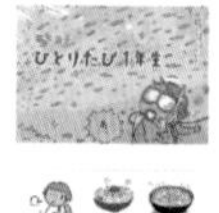

一個人去旅行：
1 年級生

一個人去旅行，好玩嗎？一個人去旅行，能學到什麼呢？不用想那麼多，愛去哪兒就去哪吧！
試試看，一個人去旅行！

（行李箱捨不得貼紀念版）

一個人去旅行：
2 年級生

一個人去旅行的我，不只驚險還充滿刺激，每段行程都發生了許多意想不到的插曲……這次為你推出一個人去旅行，五種驚豔行程！

（行李箱捨不得貼紀念版）

慶祝熱銷！
高木直子限量贈品版

150cm Life ②　（獨家限量筆記本）

我的身高依舊，沒有變高也沒有變矮，天天過著150cm的生活！不能改變身高，就改變心情吧！150cm最新笑點直擊，讓你變得超「高」興！

150cm Life ③　（獨家限量筆記本）

最高、最波霸的人，都在想什麼呢？一樣開心，
卻有不一樣的視野！
在最後一集將與大家分享，
這趟簡直就像格列佛遊記的荷蘭修業之旅～

我的30分媽媽
（想念童年贈品版）

最喜歡我的30分媽咪，雖然稱不上「賢妻良母」啦，可是迷糊又可愛的她，把我們家三姊弟，健健康康拉拔長大……

我的30分媽媽 ②　（獨家限量筆記本）

溫馨趣味家庭物語，再度登場！
特別收錄高木爸爸珍藏已久的「育兒日記」，
揭開更多高木直子的童年小秘密！

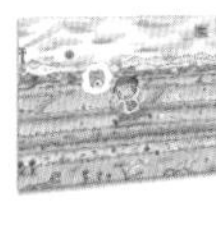
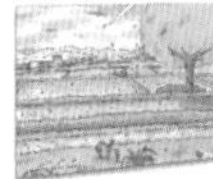

一個人的狗回憶：高木直子到處尋犬記
（想念泡泡筆記本版）

泡泡是高木直子的真命天狗！16年的成長歲月都有牠陪伴。「謝謝你，泡泡！」喜歡四處奔跑的你，和我們在一起，幸福嗎？

高木直子周邊產品禮物書

Run Run Run

TITAN 144

媽媽的每一天
高木直子陪你一起慢慢長大

高木直子◎圖文
洪俞君◎翻譯　陳欣慧◎手寫字

出版者：大田出版有限公司
台北市104中山北路二段26巷2號2樓
E-mail：titan@morningstar.com.tw
http：//www.titan3.com.tw
編輯部專線（02）25621383
傳真（02）25818761
【如果您對本書或本出版公司有任何意見，歡迎來電】

填回函雙重贈禮♥
①立即送購書優惠券
②抽獎小禮物

總編輯：莊培園
副總編輯：蔡鳳儀
行銷編輯：張筠和
行政編輯：鄭鈺澐
編輯協力：中村玲
校對：金文蕙／黃薇霓

初版：二〇二二年五月一日
十五刷：二〇二四年五月十七日
定價：新台幣 330 元
網路書店：https://www.morningstar.com.tw（晨星網路書店）
購書專線：TEL：（04）23595819　FAX：（04）23595493
購書Email：service@morningstar.com.tw　郵政劃撥：15060393
印刷：上好印刷股份有限公司　（04）23150280
國際書碼：ISBN　978-986-179-720-5　CIP：428／111001720

法律顧問：陳思成